"十二五"国家科技重大专项水专项《城镇供水安全保障管理支撑体系研究》
（2011ZX 07401-004）
城镇供水安全保障管理支撑体系研究丛书

中国城市群未来十年用水需求预测与管理措施研究

张秀智　施昱年　著

中国建筑工业出版社

图书在版编目（CIP）数据

中国城市群未来十年用水需求预测与管理措施研究／张秀智，施昱年著 . —北京：中国建筑工业出版社，2019.11
（城镇供水安全保障管理支撑体系研究丛书）
ISBN 978-7-112-23735-7

Ⅰ.①中…　Ⅱ.①张…②施…　Ⅲ.①城市群—水资源管理—研究—中国　Ⅳ.①TV213.4

中国版本图书馆CIP数据核字（2019）第091752号

责任编辑：张　明　黄　翊
责任校对：王宇枢

城镇供水安全保障管理支撑体系研究丛书
中国城市群未来十年用水需求预测与管理措施研究
张秀智　施昱年　著

＊

中国建筑工业出版社出版、发行（北京海淀三里河路9号）
各地新华书店、建筑书店经销
北京建筑工业印刷厂制版
北京建筑工业印刷厂印刷
＊

开本：787×1092毫米　1/16　印张：9¼　字数：229千字
2019年9月第一版　2019年9月第一次印刷
定价：**48.00**元
ISBN 978-7-112-23735-7
（34010）

目　　录

第一章 绪 论

一、研究背景和意义

（一）研究背景

城镇化程度的快速提高意味着城镇经济飞速发展、人口快速增长以及人们对物质文化水平的要求不断提高，在缺乏技术进步和节约用水管制的情况下，将直接导致对供水需求的快速增长，城市用水量大大增加。但是，从表1-1的数据可以看出，随着生产用水（工业用水总量）的减少，以及人均日用水量的大幅度减少，在城市户籍人口和用水人口同时增长的情况下，城市供水总量仅增长4.2%，其中居民生活用水量增长了5.5%。这说明，城市供水总量的增加主要来自居民生活用水的增长。

2005～2012年中国用水人口和供水量变化情况　　　　表1-1

	2005 年	2012 年	增长率
户籍人口（亿）	5.62	7.11	26.5%
用水人口（亿）	3.27	4.1	25.4%
城市供水总量（亿吨）	502	523	4.2%
生活用供水总量（亿吨）	243.7	257	5.5%
生产用供水总量（亿吨）	209.8	159.27	−24.1%
人均日用水量（吨）	204.07	171.79	−15.8%

水资源对工业、第三产业、居民生活饮用水的供给，是城市群集聚和由此产生的经济活动的重要基础，其中城镇供水是与第三产业和居民生活密切相关的一项公用基础事业，人口的集聚和产业发展很可能会对城市的用水量产生影响。根据《国家新型城镇化规划》提出"以大城市为依托，以中小城市为重点，逐步形成辐射作用大的城市群，促进大中小城市和小城镇协调发展"的要求，推动城镇化发展由速度扩张向质量提升"转型"，城市群将成为中国城镇化发展的主体形态。城市群已经成为单一城市走向区域合作的空间形态组织模式。面对城市群将作为中国未来城市发展形态一个主要形态，需要研究经济社会发展紧密联系的城市群，其用水需求特征是怎样的？在一个城市群中是不是每一个城市的用水量都是持续增长的？还是存在此消彼长的态势？

在当前的城市供水需求研究中，大都集中对在单一城市的需求预测，尚未有城市群层面用水需求的预测。本书将在分析城市群各个城市用水特征和整个城市群用水特征的基础上，预测城市群的用水需求预测，并进而提出城市群用水管理措施，目标是提高整个城市群用水绩效，降低用水总量增长。

（二）研究意义

为了搞好城市供水、用水和节水研究，必须研究城市和城市群用水的动态规律，预测用水发展趋势。预测城市群用水规律是实现单个城市和城市群水资源供需平衡的一项重要的基础工作，也是制定流域规划，城市供、排水规划以及国民经济计划的基础和依据。同时，城市群用水预测是实现水资源合理利用的一个重要环节。为了合理地利用水资源和控制城市建设规模，必须在调查和比较分析城市群内各个城市用水现状的基础上，预测整个城市群的需水量，为合理布局自来水厂、污水处理厂、输配水管线、筹集资金提供决策基础，对保证社会经济和城市生活的可持续发展都有重要意义。因此，未来十年城市群生活饮用水需求量的模拟和预测是一项很重要的研究课题。

二、研究对象和主要内容

（一）研究对象

中国目前主要城市群和经济区共有 29 个。有些城市群发展形态比较明显，例如京津冀城市群，有些城市群则处在概念提出、规划设计或形成过程中，例如兰西城市群。在众多的城市群中，遴选城市群作为研究对象，主要基于研究能力、数据可得性和城市群发育程度。本书研究从 29 个城市群和经济区中重点遴选了 7 个城市群，并对其社会、经济、人口和城市生活用水状况进行分析，其中京津冀、长江三角洲、珠江三角洲 3 个城市群定义为成长型城市群，长株潭、成渝、武汉城市圈、哈长 4 个城市群定义为新兴城市群（见表 1-2）。将京津冀、长江三角洲和珠江三角洲三个城市群定义为成长型城市群，主要原因有三个，一是这三个城市群发育较早，特别是长江三角洲和珠江三角洲城市群在清朝末年就逐步成为中国社会经济发展和人口集聚的核心地带；二是 20 世纪 80 年代在国家发展战略中就已经确定了这 3 个地区的发展地位；三是城市群内部城市之间的产业关联、人口流动和城市定位正在成长过程中。将其他 4 个城市群定义为新兴城市群主要原因是这几个城市群都是最近 20 多年刚刚发展起来的，城市群发育还在初始阶段，故在课题研究当时（2013年）将这 4 个城市群定义为新兴城市群。

城市群基本概况 表 1-2

城市群名称	区位	发展定位	城市数量（个）	列入课题的城市数量（个）	是否跨省域
京津冀	华北	成长型	10	10	是
长江三角洲	华东		22	16	是
珠江三角洲	华南		9	9	否
长株潭	华南	新兴型	8	8	否
成渝	西南		33	19	是
哈长	东北		12	12	是
武汉城市圈	华中		13	12	否
合计	—		107	86	—

1. 国家级城市群。2013年6月26日，国家发展和改革委员会主任徐绍史在第十二届全国人民代表大会常务委员会第三次会议上做了《国务院关于城镇化建设工作情况的报告》，并指出："京津冀、长江三角洲、珠江三角洲三大城市群以2.8%的国土面积集聚了18%的人口，创造了36%的国内生产总值，成为拉动中国经济快速增长和参与国际经济合作与竞争的主要平台。"因此，本书首先将国家级城市群京津冀、长江三角洲、珠江三角洲三个城市群作为研究重点。长江三角洲城市群2007年后增加了合肥、马鞍山、衢州、金华、淮安、盐城6个城市。但国家发改委2010年颁布的《长江三角洲地区区域规划》只列出了16个核心城市，没有前述6个城市。故本书将16个城市列入研究范围。

2. 区域型城市群。为了考察城市群用水特征，本书以区域为前提，选择了长株潭城市群、武汉城市圈[①]、成渝城市群[②]、哈长城市群4个城市群，基本覆盖了中国东北、华中和西南。

3. 本书没有对西部的宁夏沿黄城市群、兰西城市群等城市群进行研究。主要原因是数据可得性较差，缺乏连续性，城市群还在规划形成过程中，城市之间的经济联系不够紧密，不利于进行模型分析。

（二）研究内容

本书研究的目的在于通过分析城市群层面供水需求的影响因素及其相互关系，提出预测城市群供水需求的理论模型，依次预测出未来10年中国主要城市群的用水需求量，最后提出满足城市群供水需求、保障供水安全的管理举措。具体来讲，本研究共包括四方面的研究内容：

1. 各城市群生活用水现状分析与评价。通过搜集2005—2012年七大城市群88个城市的用水数据，包括供水总量（不包括农业用水、生态用水）、公共供水总量、人均日生活用水量、供水日综合生产能力、供水管网长度、居民家庭生活用水价格（不含水资源费和污水处理费）、自来水普及率等数据，考察各个城市群和各个城市的供水特点、供水结构和发展趋势，期望提炼出各城市群用水的一般性特征。

2. 城市群供水需求预测模型的提出与验证。首先，通过文献分析，找出影响城镇供水需求的主要因素、影响关系、量度测定和经验数据，开发出城镇供水需求预测的理论假设和模型。其次，通过经验数据，检验城市群供水需求预测的理论模型，作出修正和调整，得出城市群供水需求预测的操作模型。

3. 中国主要城市群未来10年的供水需求量预测。依据经验数据，推出影响城市群供水需求的各变量的数据，导入城市群供水需求预测的操作模型，得出主要城市群未来10年中

---

① 关于武汉城市圈的选择需要略作解释。本书课题申请国家水体污染控制与治理科技重大专项"十二五"城市主题课题、撰写申请报告的时间是在2009年，2011年批复设立该课题。当时没有官方的文件明确"长江中游城市群"、"武汉城市圈"、"呼包鄂城市群"的规划范围，在提交的申请报告中采纳了住房和城乡建设部的《全国主要城市群和经济区基础信息汇总》中关于城市群范围的定义，即"呼包鄂"城市群，其规划范围涵盖了内蒙古和湖北两个省份，包括呼和浩特、包头、武汉、咸宁、随州、鄂州、黄冈、黄石、荆门、荆州、十堰、襄阳、孝感、宜昌、仙桃、潜江、天门、神农架、恩施共19个城市。其后，2011年相继发布的《国务院关于进一步促进内蒙古经济社会又好又快发展的若干意见》、《中华人民共和国国民经济和社会发展第十二个五年规划纲要》提出"坚持以线串点以点带面，推进重庆成都西安区域战略合作，推动呼包鄂榆、广西北部湾、成渝、黔中、滇中、藏中南、关中——天水、兰州——西宁、宁夏沿黄、天山北坡等经济区加快发展，培育新的经济增长极"。2015年国务院批复的《呼包鄂榆城市群发展规划》最终明确了城市群规划范围包括内蒙古呼和浩特、包头、鄂尔多斯和陕西榆林。2015年国务院正式发布了《长江中游城市群发展规划》，提出了武汉城市圈、环长株潭城市群、环鄱阳湖城市群为主体的特大型国家级城市群。在原课题报告中选择的"呼包鄂"城市群中的"鄂"指的是湖北省。为了与当前关于城市群划分政策相一致，本书在成稿时将"呼包鄂城市群"改为"武汉城市圈"，将呼和浩特和包头市的数据删掉，仅分析以武汉城市圈为主的10个城市。

② 成渝城市群一共有33个城市，但在搜集数据过程中发现部分县级市的数据缺失严重，不具有可研究性，故没有将县级市纳入研究范围，重点研究19个地级以上城市的供水情况。

各年度的用水需求总量。

4.提出满足城市群供水需求和保障供水安全的管理举措和政策建议。由于中国人均水资源量短缺，总量上存在数量性和污染导致的水质性供水短缺现象，本书依据研究目标，提出以用水需求零增长为目标的需求侧管理为基础的城市群用水政策建议。供水需求预测研究的一个重要意义在于，试图通过找出影响供水需求的因素并施加影响来调整供水需求，从而为化解城镇供水的供需矛盾问题提出另一种解决方案。只是一味强调扩大城镇生活饮用水供给水工程只能满足一时需求，在当前水资源短缺的情况下，并不能完全有效解决城市群未来不断扩大的水需求问题。但是，从需求预测角度来看，本研究认为，满足城市群供水需求和保障供水安全尤其要重视供水需求侧的管理。

三、研究思路

针对中国城市群用水需求预测，本研究的基本思路是：首先，在文献分析的基础上，确立研究的自变量和因变量。其中，因变量是用水量；自变量包括：供水总量、水价、用水人口、户籍人口、常住人口、家户数、人口密度、自来水普及率、供水管网长度、水厂数量、人均可支配收入、城市建成区面积、住宅区面积、商业区面积、住宅区楼地板面积、商业区楼地板面积、办公室楼地板面积、三产生产总值、三产比重、气温、雨量。其次，通过经验文献，确立自变量和因变量的关系。将就各城市群，个别建立面板回归模型。通过经验数据，检验城市群供水需求预测的理论模型，作出修正和调整，得出城市群供水需求预测模型。

再次，依据经验数据，推出影响城市群供水需求的各变量的数据，导入城市群供水需求预测的操作模型，得出主要城市群未来10年中各年度的用水需求总量。主要包括三方面的预测：一是基于人口总量的城市群用水需求预测分析。根据上述 Panel data 回归的实证结果，可以了解各城市群人口总量变动对用水量的影响系数与显著性。代入各城市人口规划的总人口，可以预测因人口变动所带动的用水量增长量。二是基于产业结构的城市群用水需求预测分析。三是根据上述 Panel data 回归的实证结果，可以了解各城市群二产以及三产生产总值变动对用水量的影响系数与显著性。代入各城市产业规划的未来二产以及三产生产总值，可以预测因产业结构变动所带动的用水量增长量。四是提高用水绩效和节约用水条件下的城市群用水需求预测分析。主要包括两方面：一是基于用水绩效、节约用水提高下的城市群用水总需求预测。所谓提高用水绩效，本研究定义为对用水量实际产生影响的因素的控制。通过上述回归，可以了解影响用水量的因素，降低这些因素对用水量的正向影响系数，就是提高用水绩效的过程。例如，原根据拟合结果，用水人口每增加1人，用水量会增加170立方米，则当人均年用水量下降至160立方米，即可预测用水绩效提高下的用水总需求量。二是基于新技术条件下的城市群用水总需求预测。新技术的提高，反映出供水总量的增加，在前述提高用水绩效模型的调整中，可加入调整供水总量，通过虚拟用水绩效与新技术同时提高的各种情境下，用水总需求量的预测值。

最后，依据上文分析得出的结论，提出满足城市群供水需求和保障供水安全的管理举措和政策建议。本研究将提出供水安全视角下的满足城市群供水需求的需求侧管理举措和政策建议。供水需求预测研究之所以必要，就在于其试图通过找出影响供水需求的因素并施加影响来调整供水需求。

第二章　中国城市群用水状况评价与需求预测模型设计

一、城市群用水需求的影响因素分析

（一）城市群生活用水需求的影响因素综述

20世纪六七十年代，国际上，特别是美国和加拿大，进行了许多城市居民生活用水影响因素的研究。在秦长海（2013）的研究中提到，水的价格和居民的收入水平决定了城市居民生活用水量。中国在这方面的研究比较少。沈大军等（1999）建立了中国城镇居民家庭生活用水的需求函数，分析了影响需水的各种因素，如价格、可支配收入、人口以及地区差异对用水量的影响。根据需求理论和以上国外研究成果，结合中国具体情况，陈晓光（2005）等认为，中国北方城市居民生活用水需求的影响因素主要有收入、水价、水资源稀缺情况和人口特征。根据国内外的研究成果，城镇人口、人均收入、用水价格、水资源禀赋、用水人口特征、供水管网漏损率等都曾被验证对城市居民生活用水需求产生影响。

周景博（2005）对全国城市居民生活用水的影响因素进行了分析，重点关注了经济方面的收入与价格因素、生活习惯因素和水资源禀赋因素。其中，收入与价格分别用城市在岗职工平均工资和城市居民用水价格来表示，生活习惯项引入了用来反映"南北气候因素所导致的用水习惯的传统差异"以及"人均住房使用面积"指标作为对用水设施因素的间接测度的指标。而水资源禀赋指降水、地下水量、地表河流等方面的自然水资源条件，周景博采用了中国环境监测总站所制定的"水网密度指数"来间接测度，以2002年中国的180个建制市为研究对象，采用了截面数据和双对数线性函数来构建模型，并运用最小二乘法进行回归。最终结果表明，经济发展水平、价格、水资源禀赋以及用水习惯都对城市居民用水需求有着显著影响，但居民个人收入水平还有住宅面积的影响并不显著。

董凤丽和韩洪云（2006）对沈阳市康平县的城镇居民生活用水量时序数据进行了分析，但侧重于对于用水需求价格弹性以及居民收入弹性的分析，同时还考虑了会导致节水意识不同的教育程度分析。最终，董凤丽和韩洪云将自来水看作具有一般商品特性的消费品，并指出提高水价对于缓解水资源矛盾也许会有立竿见影的效果，但想要最终解决这一问题，还是应当构建完善的水价体系并且加大节水的宣传与法治力度。崔慧珊和邓逸群（2009）除了考虑收入、水价等常规因素外，还将节水技术的发明以及社会文化特征纳入分析。节水技术主要指低耗水的便桶、节水的水龙头、节水洗衣机以及节水淋浴器等，而社会文化特征指家庭人数和年龄结构。崔慧珊和邓逸群（2009）采用的是文献研究法，对国内外文献进行了相关梳理和总结，但没有进行实证分析。

更早期的研究中将住房类型视作对用水有重要影响的因素，主要是因为独栋、别墅类房型有花园和景观用地的存在，所以住房类型被认为是对用水量的一个重要解释变量

（Linaweaver *et al*，1967）。Elena Domene 和 David Sauri（2006）探讨巴塞罗纳都市群的城市化和生活用水之间的关系时，认为除了被广泛研究的价格和收入指标之外，住房类型、户均人口、户外用水量（花园用水、游泳池），花园植物种类以及节水行为都在解释用水多样性方面起着重要作用。但是他们在研究大量文献后发现，关于住房类型、家庭成员人数以及节水意识的检验都还很片面，如果运用更多经济方法来研究的话，应该可以为解释居民用水的原因提供新视角。

（二）城市群生活用水需求的影响因素

为了使这一部分对于影响因素的分析能够更直观、有条理地展现出来，笔者整理了部分文献对于各影响因素影响效果的评价，详见表 2-1。

生活用水影响因素文献汇总 表 2-1

归类		因素	研究者	采用指标	研究结果
价格			周景博（2005）	城市居民用水价格	－
			黄耀磷，农彦彦（2008）	水价	－
			董凤丽，韩洪云（2006）	水价	－
			崔慧珊，邓逸群（2009）	水价	－
			干春晖（2007）	水价	－
			邢秀凤（2007）	水价	不显著
			陈晓光等（2005）	消除价格因素平均水价	
			沈大军等（2006）	水价	－
收入			周景博（2005）	城市在岗职工平均工资	不显著
			黄耀磷，农彦彦（2008）	城市居民收入	＋
			董凤丽，韩洪云（2006）	人均可支配收入	＋
			崔慧珊，邓逸群（2009）	人均可支配收入	＋
			陈晓光等（2005）	消除价格因素人均可支配收入	不显著
			沈大军等（2006）	人均收入	
家庭特征	家庭人数		崔慧珊，邓逸群（2009）	家庭规模	－
			陈晓光等（2005）	家庭平均人口	－
			Domene，Sauri（2006）	household size	－
	住宅面积		周景博（2005）	人均住房使用面积	不显著
			黄耀磷，农彦彦（2008）	城市平均住房面积	
	住房类型		Linaweaver（1967）	Housing type	别墅最耗水

归类	因素	研究者	采用指标	研究结果
经济社会因素	经济因素	周景博（2005）	城市人均 GDP	+
		施昱年（2014）	商业发展	显著
		崔慧珊，邓逸群（2009）	GDP	+
	人口	黄耀磷，农彦彦（2008）	城市用水人口	不显著
		崔慧珊，邓逸群（2009）	人口	+
用水习惯	节水意识	董凤丽，韩洪云（2006）	平均受教育年限	+
		陈晓光等（2005）	受教育人口比例	+
		崔慧珊，邓逸群（2009）	受教育程度	−
	节水技术	董凤丽，韩洪云（2006）	节水器具	−
		崔慧珊，邓逸群（2009）	节水器具使用次数	−
	南北用水习惯差异	周景博（2005）	虚拟变量	+
环境气候因素	水资源禀赋	周景博（2005）	水网密度指数	+
		秦长海（2013）	人均水资源占有量	未通过检验
	气温	陈晓光等（2005）	年均温	不显著
	降雨	陈晓光等（2005）	年降雨总量	不显著
供给方因素	供给量	陈晓光等（2005）	全年供水总量	+
	供水管网漏损率	秦长海（2013）	供水管网漏损率	+

国内外学者在研究生活用水量的影响因素时大都采用回归分析的方法，在因素选择时，国外学者看上去更关注细节和个人以及家庭的不同特质，在研究范围选择上相对更关注城市或大都市的区域范围。国内有很多研究以单个城市为单位，也有一些研究在全国范围内选取有代表性的若干大城市进行分析，但鲜见国内以城市群为单位进行用水因素分析的文献。这可能是国内在用水量影响因素分析方面的一个空白点。

此外，国外由于对于生活用水的划分更细致——可以根据住房类型不同分为别墅用水、移动家庭用水、公寓用水还有公共部门用水等（Ouyang *et al.*，2014），并且几乎针对每一种类型都有学者进行研究，数据获得的方法也不尽相同：有通过入户调查的，也有从有关部门或者公开信息取得的，相对来说方法更灵活，研究也更细致。相较而言，中国关于用水影响因素的研究还处于比较初步的阶段，对因素的探讨相对零散不系统，研究手段也比较有限，一般都是通过评述或者回归的方式进行研究，而且数据也多是公开年鉴上可得的基础数据。造成这样结果的原因是多样的：一方面，有些学者研究的是全国几十个甚至上百个城市的用水状况，这样的情况下为了找到每个城市都有的共同数据项，就不得不局限在公开年鉴上一些基础指标上；另一方面，哪怕研究范围只是一个城市，中国的城市规模也都相当可观，如果要进行入户调查以取得用户年龄、节水器具使用次数、受教育程度等信息，需要非常多的人力物力投入，因此常常难以实现。

二、城市群用水需求预测模型的构建

综合过去研究的成果，结合中国统计现况，用水总量影响因素是以代表社会经济总量的变量为主，计有人均可支配收入、城市建成区面积、常住人口。另一方面，为了解人均日用水量的影响成因，探讨社会经济发展对人均日用水量的影响，再建立人均日用水量影响模型，影响因素以代表社会经济进步的因素为主，计有人均可支配收入、第三产业总值、户均人口。模型同时加入水价／人均可支配收入、气温及雨量作为控制变量。城市社会经济变化对用水量的影响建立见表 2-2。

影响城市群用水量的社会经济因素模型　　　　　　　　表 2-2

变量		模型一	模型二
因变量		供水总量（万吨）	人均日生活用水量（万吨）
自变量	主要变量	人均可支配收入（元）	人均可支配收入（元）
		城市建成区面积（平方公里）	第三产业总值（亿元）
		常住人口（万人）	户均人口
	控制变量	水价／人均可支配收入（元）	水价／人均可支配收入（元）
		气温（摄氏度）	气温（摄氏度）
		雨量（毫米）	雨量（毫米）

模型一中，人均可支配收入、城市建成区面积、常住人口会正向影响供水总量。模型二中，人均可支配收入会反向影响人均日用水量，因为随着城镇化推进，人均可支配收入户增加，但由于生活方式转变与生活进步，人均用水量反而减少；户均人口会正向影响人均日用水量，因为随着城镇化推进，户均人口也会减少；第三产业总值会正向影响人均日用水量，因为第三产业越发达，商业设施越多，公共用水也会越多，导致人均日用水量上升。

第三章 成长型城市群用水状况评价

根据 2014 年发布的《国家新型城镇化规划（2014 ～ 2020 年）》，京津冀、长江三角洲和珠江三角洲城市群是中国经济最具活力、开放程度最高、创新能力最强、吸纳外来人口最多的地区。研究这三个相对发育成熟的城市群城市用水特征和用水需求，可以为构建中国城市群用水政策提供宝贵的数据和依据。

一、京津冀城市群用水状况评价

（一）京津冀城市群概况

京津冀城市群包括北京、天津、石家庄、廊坊、保定、唐山、秦皇岛、沧州、张家口、承德等十个城市。从 GDP 总量上来看，十个城市可以划分为三个等级，北京、天津属于第一级；石家庄、唐山、保定属于第二级；廊坊、秦皇岛、沧州、张家口、承德属于第三级。京津冀城市群具有明显的人才、文化、技术和资金优势，是中国的政治经济文化中心；距离日本和韩国最近，具有独特开放的优势。在经济发展上已基本形成了门类齐全、支柱产业优势明显的工业体系；京津冀城市群集中了不少大中型企业，是中国重要的产业基地。

京津冀城市群位于海河流域，主要有海河、滦河、徒骇河、马颊河等水系。根据 2012 年环境状况公报，海河流域属于中度污染流域，环境质量状况堪忧。受温带季风气候影响，京津冀城市群降水量较少，属于夏季多雨、冬季少雨，整体降水较少的地区。京津冀城市群的人均水资源占有量与全国平均水平相比，有很大差距，水资源总量偏少，人均水资源占有量很低，见表 3-1。

京津冀城市群水系情况　　　　　　　　　　　　　　　　表 3-1

城市	水系	降水量（毫米）	水资源总量（亿立方米）	人均水资源量（立方米/人）
北京	永定河、潮白河、北运河、大清河、蓟运河	537	39.5	193.2
天津	海河、滦河、蓟运河、潮白河、北运河、永定河、大清河、子牙河、漳卫南运河、马颊河、徒骇河等	551	32.9	238
河北	永定河、滦河及冀东沿、大清河、大北河、漳卫南运河、子牙河、黑河港运东	527	235.5	324.2

注：降水量为2005到2012年年平均降水量，水资源总量和人均水资源量为2012年数值。

（二）京津冀城市群 2005 ～ 2012 年期间用水状况比较

本书对京津冀城市群 2005 ～ 2012 年期间各个城市供水相关指标的绝对值进行横向比较，期望得到一些该城市群用水状况的直观结论。

1. 城市供水能力分析

对城市供水能力分析，重点分析四个指标，即城市供水总量、城市公共供水总量、日综合生产能力和城市供水管网长度。

城市供水总量会随着城市人口数量的增减和经济活动的繁荣与衰退而产生变化，包含居民用水、城市公共用水、生产经营用水和其他用水量（以下各个城市群含义都相同），反映了城市能够生产出来并向市场供给满足城市需求的鲜水数量。由表3-2可知，2005～2012年期间，京津冀城市群10个城市中，北京和天津是两大供水大户，供水总量占整个城市群供水总量的70%。除去张家口、承德、沧州三个城市供水量略微减少外，其他城市2012年相较于2005年都呈现增长趋势，其中廊坊市供水增长了43.5%，石家庄、唐山、秦皇岛三个城市供水增长量接近或超过20%，北京和天津两个城市供水增长率达到10.29%和13.16%。北京、天津由于其直辖市地位，经济成长性和人口不断集聚，供水总量呈现增长态势是必然的。

京津冀城市群 2005～2012 年各城市供水总量（单位：万吨/年）　　　表 3-2

城市＼年份	2005 年	2006 年	2007 年	2008 年	2009 年	2010 年	2011 年	2012 年
北京	144757	142644	142626	142509	151815	155557	158364	159646
天津	68236	68180	68733	68516	70138	68970	74482	77218
石家庄	26612	22764	22757	22451	24353	27629	34521	33531
唐山	21313	22303	19919	20044	27612	28932	24615	26170
保定	9209	8936	9433	8898	8573	10000	10380	9338
张家口	10756	8976	9130	934	9345	8226	8281	8384
承德	7621	6763	6581	6022	5738	5453	6144	5907
廊坊	3368	3640	3893	3910	3952	4435	4553	4833
秦皇岛	10845	10536	10918	11096	10202	10308	11919	12920
沧州	3931	4386	4386	4504	4506	3509	3739	3794

由图3-1可知，10个城市中，2000万人口规模的北京市供水量最大，2005～2012年期间年均供水量超过14亿吨，是排名第二的天津供水量的2倍，是其他城市供水量的几倍甚至几十倍。河北省供水量排名前三的城市为石家庄、唐山和秦皇岛。廊坊和沧州两个城市的供水量最小。

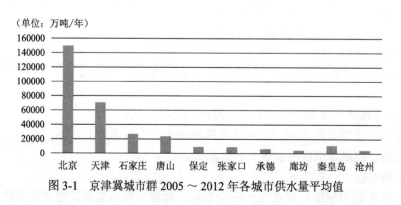

图 3-1　京津冀城市群 2005～2012 年各城市供水量平均值

城市公共供水总量反映了该城市全部自来水厂生产出来并向水用户输送的管道水总量（包括出售或免费供给的鲜水数量）。一般地，城市供水主要来自两个方面，一是公共供水，二是自建供水设施。表 3-3 是京津冀城市群各城市公共供水占供水总量环比增长情况。除石家庄、承德和唐山三个城市外，其他城市的公共供水能力都有不同程度的持续增长，其中沧州市增长率最大，2012 年公共供水量占比达到 100%。2012 年相比较于 2005 年，廊坊、北京、秦皇岛和沧州四个城市增长率超过 30%。这表明这些城市市政供水能力显著提升。图 3-2 显示，京津冀城市群各城市公共供水占城市供水总量比重[①] 最大的城市是秦皇岛市，达到 95%。占比超过 80% 的城市有天津、沧州和保定，而北京市公共供水占全部供水量之比仅为 67%，说明北京市还有一些企事业单位和居民家庭用水来自自备井，并没有全部使用自来水厂的公共供水。石家庄和张家口两个城市公共供水比例最低，仅为 58% 和 59%。图 3-3 显示了 2005 年到 2012 年期间城市供水和公共供水的增长率变化情况，除去 2010 年和 2011 年两个年份，其他年份的公共供水增长率均高于城市供水。

京津冀城市群 2005 ～ 2012 年各城市公共供水占供水总量之比（单位：%）　　　表 3-3

城市＼年份	2005 年	2006 年	2007 年	2008 年	2009 年	2010 年	2011 年	2012 年
北京	59.9	62.4	64.6	68.1	68.3	69.5	70.6	71.1
天津	79.7	74.9	74.3	77.5	87.4	87.5	87.1	85.6
石家庄	66.9	68.1	67.8	67.4	69.9	53.0	41.9	44.6
唐山	81.5	67.1	84.1	84.2	66.0	63.5	63.5	65.2
保定	90.0	89.7	88.3	87.6	90.4	78.0	81.7	91.4
张家口	43.2	62.2	62.1	57.6	57.6	62.8	63.0	63.4
承德	69.3	67.8	65.0	67.6	79.1	79.0	78.6	79.1
廊坊	57.8	58.8	53.8	60.1	62.0	59.4	64.4	65.6
秦皇岛	90.8	90.5	90.8	91.0	98.0	99.3	100	99.4
沧州	69.7	73.1	87.2	87.6	88.2	100	100	100

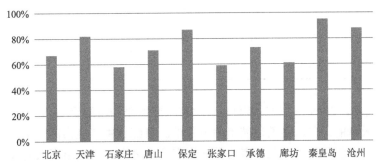

图 3-2　京津冀城市群 2005 ～ 2012 年各城市平均公共供水量占全部供水量比重

---

① 以 2005 ～ 2012 年全部公共供水总量之和与同期全部供水总量之和相比，计算得出该占比数。后文均以此计算某城市公共供水与全部城市供水量的比例。

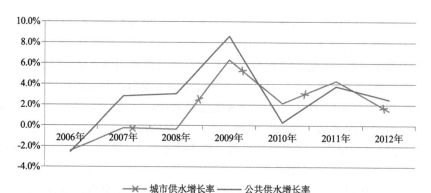

图 3-3　京津冀城市群 2006 ～ 2012 年城市供水和公共供水量增长率

　　日综合生产能力反映了城市每日生产鲜水的能力。从表 3-4 看出，2005 ～ 2012 年期间京津冀城市群各城市鲜水生产能力，除沧州、承德外，其他城市呈现不同程度的提升。北京、天津、保定、张家口、唐山的增长幅度相对较大，表明这些城市新建或扩建了一定数量的自来水厂或其他供水设施。

京津冀城市群 2005 ～ 2012 年各城市供水日综合生产能力（单位：万吨 / 日）　　　表 3-4

年份 城市	2005 年	2006 年	2007 年	2008 年	2009 年	2010 年	2011 年	2012 年
北京	1065.7	2635.2	1686.9	1591.4	1572.9	1604.1	1588.27	1644.2
天津	359	357.3	370.5	365.4	393.9	405.2	429.44	439.5
石家庄	109.17	108.8	115	116.88	90.38	103.7	126.73	126.73
唐山	118.05	118.1	118.1	118.01	118.01	129.01	129.91	130
保定	52	50.1	43.17	43.17	41	41	119	98
张家口	77.2	50	50	50	75	100.3	100.3	100.3
承德	34.45	31.3	31.62	32.42	32.24	29.82	30.61	30.58
廊坊	22.1	22.5	24.2	24.5	23.5	22.5	22.5	22.7
秦皇岛	41.7	41.7	41.7	41.7	41.7	41.7	41.7	44
沧州	28.8	31.4	31.4	31.4	31.4	25	25	25

　　由图 3-4 可知，2005 ～ 2012 年期间京津冀城市群平均日综合生产能力最高的是北京，其生产能力是天津的三倍，是其他城市的十几倍。日综合生产能力高于 100 万吨的城市有北京、天津、石家庄和唐山。北京市的供水生产能力之高，反映出庞大的经济发展总量和人口总量对水资源的需求，也意味着水资源有可能成为经济发展和人口增长的瓶颈。

　　城市供水管网是保障城市供水的基础，随着城市扩张而不断增加总长度。城市新建或维护供水管网都需要耗费巨额投资并形成沉淀成本。表 3-5 中的数据显示，京津冀城市群供水管网长度位于前三位的城市是北京、天津和唐山。图 3-5 显示，京津冀城市群各城市 2012 年与 2005 年相比供水管网长度增长率位于前三位的城市是张家口、承德和天津，均超过 80%，而唐山、廊坊和沧州增长率均低于 15%。

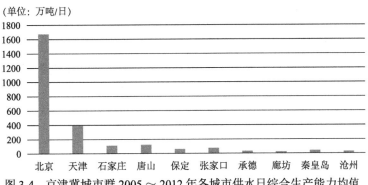

（单位：万吨/日）

图 3-4　京津冀城市群 2005 ～ 2012 年各城市供水日综合生产能力均值

京津冀城市群 2005 ～ 2012 年各城市供水管网长度（单位：公里）　　　表 3-5

城市 ＼ 年份	2005 年	2006 年	2007 年	2008 年	2009 年	2010 年	2011 年	2012 年
北京	18175	26434	21998	23828	23959	25147	26453	23674.1
天津	7093	7365	8083	8248	8847	10744	11906	12926
石家庄	1228	1273	1343	1274.08	1298	1426	1462	1497.06
唐山	1714	1776	1820	1844.87	1881.65	1924	1968.4	1968.4
保定	512	716	712.84	710.82	755.44	807	876.45	915.07
张家口	485	502	505	508	803	1098	1098	1131
承德	312	317	387.49	401.49	448.32	493	556.6	599
廊坊	542	552	558.5	567.35	582.35	584	597.73	615
秦皇岛	875	857	876.72	916	916.47	980	998.17	1020.32
沧州	442	458	463	480	522.57	496	496.07	496.07

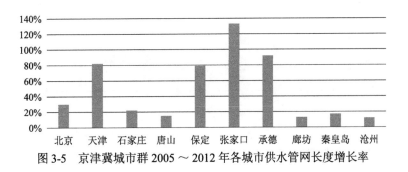

图 3-5　京津冀城市群 2005 ～ 2012 年各城市供水管网长度增长率

2. 人均日生活用水量

人均日生活用水量一方面表明了个体角度的用水数量，并与气候、水资源条件、生活质量、水价等因素密切相关，生活质量越高，人均日生活用水量也越高；另一方面，该数据又体现了城市节约用水技术的使用情况，以及水价对过度用水的限制程度。由表3-6可知，京津冀城市群10个城市中，2005年至2012年，北京、天津、唐山、保定和秦皇岛这5个城市的人均日生活用水量逐年增加，其中增加最多的城市是保定，增长幅度达到25.2%；石家庄、承德、张家口、廊坊和沧州这5个城市的人均日生活用水量逐渐减少。京津冀城市群人均日生活用水量增加的城市是该城市群经济相对发达的城市。但是，该数据也有不准确之处。主要是由于对喝水人口总量的统计可能存在一定的误差，特别是外来流动人口多的地区。

京津冀城市群 2005 ～ 2012 年各城市日人均生活用水总量（单位：升 / 日）　　表 3-6

城市＼年份	2005 年	2006 年	2007 年	2008 年	2009 年	2010 年	2011 年	2012 年
北京	152.91	154.67	166.8	187.22	192.05	174.92	172.62	171.79
天津	123.6	130.4	122.38	129.25	133.15	132	128.8	134.1
石家庄	147.77	145.44	126.78	127.74	127.39	116.12	118.05	119.78
唐山	178.46	171.09	164.91	170.25	176.31	173.81	172.79	183.02
保定	91.22	89.86	85.49	88.6	79.21	107.84	121.2	114.23
张家口	133.76	102.55	104.54	90.1	89.45	84.17	84.41	84.34
承德	266.85	222.97	177.85	154.76	151.8	137.63	147.61	142.42
廊坊	186.78	166.99	154.18	135.92	131.25	136.19	135.5	158.74
秦皇岛	174.98	146.94	133.8	138	139.61	138.45	176.08	191.4
沧州	109.34	109.48	109.55	103.63	100.86	63.45	83.4	86.97

2005 ～ 2012 年期间，京津冀城市群 10 个城市中，人均日生活用水量最多的是承德市，平均每人每天用水 175.2 升，其次为唐山、北京和秦皇岛；沧州、张家口、保定的人均日生活用水量相对较低（图 3-6）。

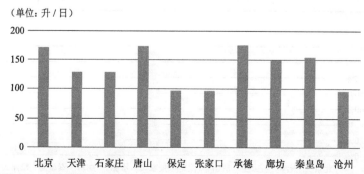

（单位：升 / 日）

图 3-6　京津冀城市群 2005 ～ 2012 年各城市日人均生活用水总量平均值

3. 城市供水结构

城市供水中，通常分为三个部分，即向用户出售的水、免费用水和漏损水。其中向用户销售的水，用途包括生产运营用水、公共服务用水、居民家庭生活用水、消防及其他用水。本书以生产经营用水量、公共服务用水和居民家庭用水量、漏损水量占全部城市供水比重来分析城市供水结构。其中，城市的公共服务用水和居民家庭用水一般是指自来水厂生产并输送到政府部门、商业办公楼宇、商业设施、居民家庭、医院、学校等用水单位的公共用水。这个用水比例在一定程度上反映了城市第三产业和城市人口增长状况。

表 3-7 是京津冀城市群 2005 年和 2012 年生产经营用水、公共服务和居民家庭用水、漏损水量占城市供水总量的比重。从该表数据可以大致判断各城市各用途用水变化状况。对于生产经营用水占城市供水总量比重，2012 年相较于 2005 年，除张家口和廊坊外，其他 8 个城市都呈减少趋势，这可能与整个城市群工业部门提高用水效率、关停高耗水企业有关，整个城市群 10 个城市生产经营用水占比基本上不超过 30%。对于公共服务用水和居民家庭生活用水占全部供水量比重，北京、保定、张家口、秦皇岛和沧州呈增长趋势，其中北京市增长幅度最大，这说明这些城市第三产业、教育、医疗、办公和居民家庭生活用水呈现增长趋势。仅以 2012 年来看，北京市超过 70% 的供水都用于了公共服务和居民家庭生活方面，生产经营用水仅占城市供水的 14%，这十分符合北京市作为国家首都的政治、经济、文化和科技中心的城市功能定位。

从漏损水量占供水总量比重来看，除去秦皇岛和沧州两个城市，其他城市的漏损水量占比不高，总体上低于 13%。以 2012 年来看，秦皇岛和沧州漏损水量占比较高，占比达到 20%，也就是说五分之一的供水都白白损失了；廊坊和石家庄的漏损水量占全部供水量的比重都低于 10%。

京津冀城市群 2005 ~ 2012 年各城市各类供水量占全部供水量的比重（单位：%）　　表 3-7

城市	生产经营用水占比			公共服务和居民家庭用水占比			漏损水量占比		
	2005 年	2012 年	二者之差	2005 年	2012 年	二者之差	2006 年	2012 年	二者之差
北京	25.1	14.0	−11.1	63.8	70.0	6.2	9.5	12.0	2.5
天津	46.1	39.6	−6.5	42.3	42.0	−0.3	12.9	12.0	−0.9
石家庄	35.5	28.7	−6.9	43.5	32.7	−10.8	14.7	8.9	−5.8
唐山	27.0	26.2	−0.8	56.7	50.4	−6.3	9.2	12.8	3.6
保定	50.6	35.4	−15.2	36.4	54.1	17.7	11.5	10.2	−1.3
张家口	54.9	55.6	0.7	38.5	43.8	5.3	8.6	10.6	2.0
承德	38.9	30.3	−8.5	59.0	47.7	−11.3	11.2	13.3	2.1
廊坊	20.2	29.4	9.2	74.3	62.6	−11.7	10.7	8.0	−2.7
秦皇岛	36.4	25.7	−10.7	45.7	51.1	5.3	20.2	21.2	0.9
沧州	42.0	29.1	−12.9	50.6	51.3	0.7	11.6	19.0	7.3

注：漏损水量自2006年开始统计。

4. 城市居民供水价格

自来水价格，即供水价格，反映了一个城市水产品的生产成本、价值和稀缺性，较高的用水价格可以抑制单位和居民个人用水需求数量。由表3-8和图3-7可以看出，2005～2012年期间，京津冀城市群各城市居民家庭生活自来水价格均不同程度有所提高。2012年居民生活供水价格最高的城市是天津，其次为沧州，而北京最低，从2005年到2012年没有变动。由于天津较高的供水价格，对人均日生活用水量有一定的抑制作用。

京津冀城市群2005～2012年各城市居民家庭生活自来水价格（单位：元／立方米） 表3-8

城市＼年份	2005年	2006年	2007年	2008年	2009年	2010年	2011年	2012年
北京	1.7	1.7	1.7	1.7	1.7	1.7	1.7	1.7
天津	3.4	3.4	2.6	2.6	2.825	3.15	3.5	3.9
石家庄	1.5	1.5	1.5	1.5	2.38	2.38	2.38	2.38
唐山	1.8	1.8	1.8	1.8	2.2	2.2	2.2	2.2
保定	1.85	1.85	1.85	1.85	2.45	2.45	2.45	2.45
张家口	1.8	1.8	1.8	1.8	1.8	1.8	1.8	1.8
承德	1.6	1.75	2.2	2.2	2.2	2.2	2.2	2.2
廊坊	1.7	2.55	1.85	1.85	1.85	1.85	1.85	1.85
秦皇岛	1.74	1.74	1.74	1.74	2.6	2.6	2.6	2.6
沧州	1.5	1.5	2.2	3.2	2.9	3.03	3.2	3.2

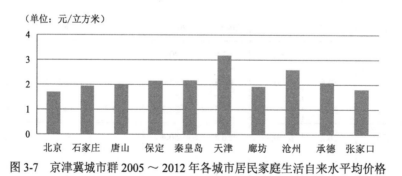

（单位：元/立方米）

图3-7 京津冀城市群2005～2012年各城市居民家庭生活自来水平均价格

（三）京津冀城市群各城市用水特征评价与结果分析

1. 各数据的平均数和方差分析

本书对京津冀城市群各城市人均可支配收入、自来水价格与人均可支配收入比以及人均日生活用水量等各指标进行描述性统计，计算了2005年至2012年期间数据的平均数和方差（表3-9、表3-10）。方差是各变量值与其平均数的差的平方的平均数，反映各变量值远离其中心值的程度。方差越大，代表离散程度越差，也就是说，该城市的该变量在各年度的变化性比较大，用水变化以及经济变动幅度相对较大（后文各个城市群相同）。

分析结果表明，京津冀城市群集中发展北京、天津两大城市的态势明显，次要发展城市为廊坊、唐山、承德、石家庄。原先家庭人口较多而近年快速朝向小家庭化发展的城市，是承德、保定、张家口。供水基础设施建设以北京变动幅度最大；其次是天津。人均日生活用水量变动与常住人口变动较大的城市不同，这也将影响总体生活用水量变动，造成生活用水量变动的情况更为复杂。人均日生活用水量大幅变动的城市，主要发生在次要发展城市或快速城镇化的城市。居民用水水价变动与人均日生活用水量变动较大的城市较为不同，说明水价可能有助稳定人均日生活用水量变动。气温与降雨量变动不存在一定的依存关系。

2. 城际变化趋势分析

由图 3-8 可以发现，各变量在城际之间的变化趋势可分为四大类型。第一类变量是以北京和天津为代表的大规模领先型，包括供水总量、综合生产能力、供水管网长度、人均可支配收入、第三产业产值、建成区面积。第二类是呈现各城市规模依序递减的变量，只有常住人口一个变量。第三类是各城市间差异性小的变量，包括户均人口、气温、雨量。第四类是各城市间差异性大的变量，包括人均日生活用水量、水价、水价与人均可支配收入比。这四类变量反映出京津冀城市群城市四个方面的用水特征。

第一，京津是京津冀城市群经济发展与水基础设施建设的核心。京津冀城市群在经济发展上呈现两极化发展，北京、天津遥遥领先其他城市，并影响到供水总量以及供水基础设施建设的规模，北京和天津两个城市大规模领先。规模化会影响到供水行业技术投入和研发经费总量，因此，两极化发展也表明，除了京津之外，其他城市的城市供水行业发展能力受限。京津应致力扮演好区域内供水技术发展的主要角色。

第二，应致力改善城际人均日生活用水量差异。各城市间人均日生活用水量差异性大，由于用水量来自人均日生活用水量乘以常住人口，这也表明部分城市的总用水量过大。维持个人每日基本生活所必须使用的用水量应当相近，但各城市间人均日生活用水量差异性大，因此对京津冀城市群来说，应当致力于减少城际间人均日生活用水量的差异性，共同降低各城市的人均日生活用水量。亦即，只有有效降低人均日生活用水总量或者提高用水效率，才能从总体上降低总用水量。

<table>
<tr><td colspan="2" align="center">2005 ~ 2012 年京津冀城市群各变量变化较大的前三位城市</td><td align="right">表 3-9</td></tr>
</table>

变量	城市	变量	城市
人均可支配收入	北京、沧州、张家口	第三产业总值	北京、保定、天津
城市建城区面积	沧州、北京、承德	户均人数	承德、秦皇岛、廊坊
常住人口	北京、沧州、天津	降雨量	北京、天津、沧州
气温	石家庄、唐山、秦皇岛	居民用水价格	廊坊、张家口、天津
人均日生活用水量	承德、唐山、张家口	供水总量	北京、天津、保定
供水管网长度	北京、沧州、秦皇岛	日综合生产能力	北京、沧州、石家庄

京津冀城市群各城市用水变量描述性统计分析

表3-10

城市		人均日生活用水量（升/人/日）	供水总量（万吨）	居民用水水价（元/立方米）	水价人均可支配收入比	综合生产能力（万立方米/日）	供水管道长度（公里）	气温（摄氏度）	降雨量（毫米）
北京	平均	171.62	149739.70	1.70	0.00007	1673.58	23708.51	13.28	536.98
	方差	190.47	55533063.97	0.00	0.0000000029	189181.00	7236222.73	0.17	21471.63
天津	平均	128.63	26827.27	1.94	0.00012	112.17	1350.14	14.38	548.85
	方差	143.06	23310374.95	0.22	0.00000000033	145.87	9896.62	0.10	20904.80
保定	平均	173.83	23863.48	2.00	0.00012	122.40	1862.17	11.68	609.26
	方差	30.43	12102132.86	0.05	0.0000000067	36.04	8318.47	0.83	13060.64
石家庄	平均	97.21	9345.87	2.15	0.00017	60.93	750.70	12.25	538.86
	方差	229.08	355656.63	0.10	0.00000000055	909.80	15318.33	4.10	11908.97
唐山	平均	154.91	11092.99	2.17	0.00015	41.99	929.96	11.54	550.51
	方差	497.52	833246.07	0.21	0.00000000046	0.66	3839.52	2.58	1971.80
沧州	平均	129.21	70559.15	3.17	0.00017	390.03	9401.50	13.56	550.79
	方差	18.13	11571105.21	0.19	0.0000000031	1038.24	4764272.29	0.20	17147.75
张家口	平均	150.69	4073.00	2.01	0.00013	23.06	574.87	12.86	495.50
	方差	383.17	242452.57	0.26	0.0000000049	0.79	600.04	0.10	5645.55
廊坊	平均	95.84	4094.30	2.62	0.00019	28.68	481.71	13.20	537.91
	方差	274.96	156098.64	0.55	0.00000000094	10.03	682.60	0.17	11808.71
承德	平均	175.24	6278.59	2.09	0.00018	31.63	439.36	9.16	521.69
	方差	2128.76	474798.35	0.05	0.00000000012	2.07	11072.12	1.45	10911.72
秦皇岛	平均	96.67	9055.40	1.80	0.00015	75.39	766.25	10.21	410.45
	方差	289.44	687161.99	0.00	0.0000000022	542.70	91197.64	1.97	8554.94

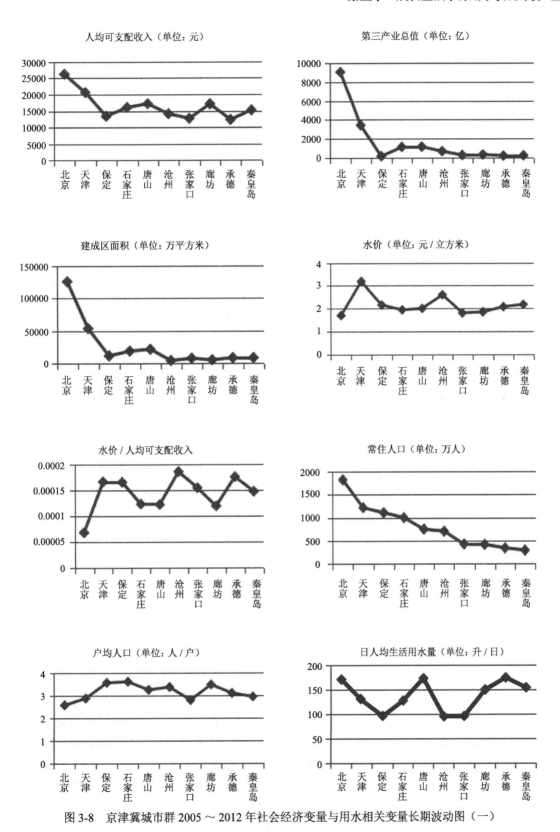

图 3-8 京津冀城市群 2005～2012 年社会经济变量与用水相关变量长期波动图（一）

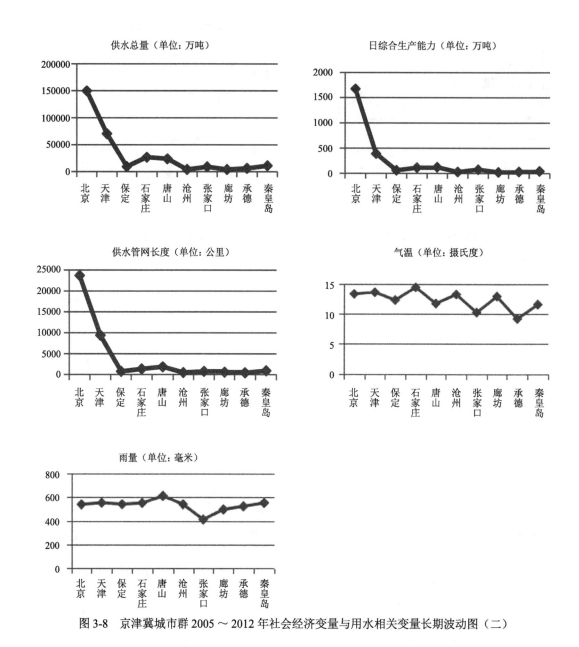

图 3-8　京津冀城市群 2005 ～ 2012 年社会经济变量与用水相关变量长期波动图（二）

第三，水价定价较少考虑当地人均可支配收入。从价格与收入之间关系来看，水价应该与人均可支配收入比保持同比例变动关系，即意指水价的合理性，高水价与人均可支配收入比，有助于节约用水，反之，低水价与人均可支配收入比，会影响水价对用水量的调节能力。然而，在京津冀城市群中，城际之间的水价与人均可支配收入比差异较大，这也说明城市群内的水价定价较不合理，未考虑人均可支配收入。

第四，小家庭化未能相应带动节水成效。京津冀城市群的小家庭化发展阶段则较为一致。小家庭化是代表城镇化阶段的指标之一，基于过去文献的研究，城市化程度愈高的地区，用水设施较为先进，有助减少用水浪费，人均用水量应当下降。然而，对比人均日生活用水量，各城市间差异较大，显示小家庭化在京津冀城市群中未必能说明城镇化阶段。这说明包括家庭、学校、医院、政府机关在内的节水措施尚没有达到控制用水总量的程度。在其他城市群也都未发现小家庭化能带动节水成效。

3. 京津冀城市群用水特征分析

在对社会经济和供水相关数据进行描述性统计分析和数据检验的基础上，利用第二章构建的两个用水需求模型，分析京津冀城市群各城市用水特征。表 3-11 是面板模型分析结果。

京津冀城市群用水特征面板模型 I–II 分析结果　　　　　　　　　　　　　　表 3-11

变量	模型 I	模型 II
	系数（p 值）	系数（p 值）
城市建成区面积	−0.07 （0.28）	
人均可支配收入	0.12 （0.20）	−0.25 （0.05）
常住人口	0.46 （0.16）	
水价 / 人均可支配收入	459.52 （0.29）	317.02 （0.52）
气温	−0.35 （0.01）	−0.34 （0.04）
雨量	0.09 （0.15）	0.13 （0.15）
第三产业总值		0.08 （0.00）
户均人口		−0.44 （0.20）
R-squared within	0.27	0.27
R-squared between	0.41	0.18

各模型计算结果解释如下：（1）模型 II 说明人均可支配收入对日人均用水量负向影响，可支配收入越高用水越节约，此一结果呼应了城镇化提高可支配收入、提升节约用水的概念。（2）模型 II 说明第三产业对于人均日生活用水量呈显著的正向影响，说明在第三产业发达的城市，公共用水设施多，日人均用水量更高。（3）模型 I、II 虽然说明了气温的影响较大，但实际上与供水量增加明显以及经济发展集中在温度较高的城市有关；在模型 I 中气温越高，供水总量越小，在模型 II 中气温越高，日人均用水量越小。原因有三个：第一，研究期间较短，气温变化小，但供水量增长较大；第二，天津与石家庄气温较高，但供水总量均较北京市低许多；第三，日人均用水量较高的唐山与承德，多半与气温较低有关。

综上所述，京津冀城市群用水方面存在的总体特征为：各城市之间的日人均生活用水量变化较大，且受收入变动的影响较大，即在高收入城市，其日人均生活用水量较低，因此，城镇化有助提升节约用水的概念。理论上，人口增长应当造成城市供水总量增长，但受到城镇化以及日人均用水量差异大的影响，使得人口对供水总量不存在影响。因此，通过城镇化提高居民的素质及节水观念，是降低人均日生活用水量、减少供水总量增长的重要手段。

（四）京津冀城市群未来供水总量预测

为推论未来的供水总量，采用模型 I 关于城市社会经济变化对供水量影响的面板回归分析结果为依据进行预测。各个自变量的未来变动，依其过去路径规律以及当前社会经济环境，设定可能发生的社会经济情境，预测在各情境发生的条件下城市群未来的供水总量变化。而未来各类突发社会经济变动，不在本节情境设置的考虑范围内。

1. 供水总量预测方程和情境设置

模型 I 通过面板回归分析后的各变量系数简约式如下所示：

$$\ln tw = 6.07 - 0.07\ln uca + 0.12\ln di + 0.46\ln pop + 459.52 wpdi - 0.35\ln temp + 0.09\ln rain$$

其中，tw 为供水总量，uca 为城市建成区面积，di 为人均可支配收入，pop 为常住人口，$wpdi$ 为水价 / 人均可支配收入，$temp$ 为气温，$rain$ 为雨量。

依路径规律以及社会经济环境变迁，针对供水总量模型的自变量设定了变化情况，见表 3-12。社会经济变量存在自相关现象，过去的变动会影响未来的发展，但一般来说，过去滞后 3 年的变化对当期的影响已经较弱，因此此处设定最长滞后影响为 3 年。

城市群供水总量预测方程变量增长趋势设置 　　　　　　　　　　　表 3-12

变量	变量预期增长趋势
城市建成区面积（uca）	按照过去 3 年的平均增速扩张
人均可支配收入（di）	趋势一：2013 ～ 2018 年，人均可支配收入按照过去 3 年的平均增速扩张。受到经济下滑影响，2019 ～ 2023 年人均可支配收入保持不变； 趋势二：2019 ～ 2023 年人均可支配收入继续按照过去 3 年的平均增速扩张
常住人口（pop）	按照过去 3 年的平均增速扩张
水价 / 人均可支配收入（$wpdi$）	趋势一：各城市水价维持 2012 年价格； 趋势二：各城市水价均提高到全城市群样本值中水价 / 人均可支配收入最高标准
气温（$temp$） 雨量（$rain$）	由于气候短期内变化幅度小，故设定为过去平均气温及雨量
误差项	回归存在误差项，同时误差难以预测，因此预测的拟合值与实际值一定存在误差。为减少误差，此处以 2013 年的推估值—拟合值，推估此一误差，并对 2013 ～ 2023 年每一年的拟合值均加上误差，以减少预测的偏差。前项 2013 年推估值＝ 2012 年按照过去 3 年的平均增速率增长后的值

根据上述人均可支配收入、水价 / 人均可支配收入变动情况，设置 4 类情境。各情境中其他变量按照过去 3 年的平均增速扩张，见表 3-13。

城市群供水总量预测情境设置　　　　　　　　　　　　　　　　表 3-13

情境	情境设置
情境 1	1. 预测各城市的水价维持 2012 年价格； 2. 2013 ～ 2018 年，人均可支配收入按照过去 3 年的平均增速扩张。受到经济下滑影响，2019 ～ 2023 年人均可支配收入保持不变
情境 2	1. 预测各城市的水价维持 2012 年价格； 2. 2019 ～ 2023 年人均可支配收入继续按照过去 3 年的平均增速扩张
情境 3	1. 预测未来各城市水价均提高到全城市群样本值中水价 / 人均可支配收入最高标准； 2. 2013 ～ 2018 年，人均可支配收入按照过去 3 年的平均增速扩张。受到经济下滑影响，2019 ～ 2023 年人均可支配收入保持不变
情境 4	1. 预测未来各城市水价均提高到全城市群样本值中水价 / 人均可支配收入最高标准； 2. 2019 ～ 2023 年人均可支配收入继续按照过去 3 年的平均增速扩张

2. 供水总量预测

以下针对上述 4 类情境进行供水总量预测，预测结果见表 3-14 ～表 3-17。

情境 1：各城市的供水总量以及城市群供水总量预测值见表 3-14，其中，由于回归分析是在各城市中找出各变量平均数均能通过的回归线，与回归线直线距离愈大的城市，其预测偏差也会愈大，对单个城市的预测结果会受到其与其他城市的离群情况而产生偏差。各城市的偏差大小见表中最右列。由于该偏差在城市之间会相互抵销，故针对城市群整体的预测则偏差较小。表 3-14 显示，保定、廊坊、沧州、承德的预测结果会偏差较大。

模型 I 拟合结果显示，京津冀城市群存在人均可支配收入愈高，供水量愈高的趋势（统计上系数不显著），说明城镇化下收入提升对供水量约束效果不佳，另一方面，水价与供水总量之间的协调关系不明显（统计上系数不显著），水价 / 人均可支配收入愈大，供水量也愈高，因此，城市群整体的供水总量呈现向上增长的趋势，城市群整体的供水总量到了 2023 年将达到 370 215 万吨。

情境 2：供水总量预测值见表 3-15，随着人均可支配收入持续增加，城市群整体的供水总量到了 2023 年将达到 374 820 万吨。

情境 3：供水总量预测值见表 3-16，由于 2005 到 2012 年水价与供水总量之间的协调关系不明显，在趋势不变的情况下，城市群整体的供水总量呈现向上增长的趋势，这也表明，在城镇化快速发展时期，人口不断增长将导致水价与供水总量间的影响脱钩，城市群整体的供水总量到了 2023 年将达到 372 284 万吨。

情境 4：供水总量预测值见表 3-17，随着人均可支配收入持续增加，城市群整体的供水总量到了 2023 年将达到 376 603 万吨。

情境 1 下的京津冀城市群各城市供水总量预测（单位：万吨）

表 3-14

城市	2013 年	2014 年	2015 年	2016 年	2017 年	2018 年	2019 年	2020 年	2021 年	2022 年	2023 年	预测与实际的差距
北京	161733	162286	162856	163442	164045	164665	165302	165773	166251	166739	167235	小
石家庄	37232	37423	37620	37824	38035	38252	38475	38588	38701	38815	38930	小
唐山	25044	25148	25256	25368	25482	25601	25722	25752	25782	25812	25843	小
保定	9047	9185	9331	9485	9648	9817	9993	10052	10111	10171	10230	大
秦皇岛	14472	14536	14604	14677	14754	14835	14920	14928	14937	14945	14953	小
天津	81722	82197	82690	83202	83732	84281	84849	85306	85771	86245	86729	小
廊坊	5046	5257	5474	5698	5928	6164	6406	6547	6689	6833	6978	大
沧州	3946	3947	3956	3974	3999	4030	4068	4010	3952	3895	3837	大
承德	6167	6149	6133	6118	6104	6093	6082	6037	5993	5948	5904	大
张家口	8464	8594	8729	8869	9014	9162	9315	9380	9446	9511	9577	小
京津冀	352873	354723	356651	358657	360740	362899	365134	366373	367633	368914	370215	近似

情境 2 下的京津冀城市群各城市供水总量预测（单位：万吨）　　　　表 3-15

城市	2013年	2014年	2015年	2016年	2017年	2018年	2019年	2020年	2021年	2022年	2023年	预测与实际的差距
北京	161733	162286	162856	163442	164045	164665	165302	165958	166631	167324	168035	小
石家庄	37232	37423	37620	37824	38035	38252	38475	38705	38941	39183	39431	小
唐山	25044	25148	25256	25368	25482	25601	25722	25846	25974	26105	26238	小
保定	9047	9185	9331	9485	9648	9817	9993	10176	10366	10562	10764	大
秦皇岛	14472	14536	14604	14677	14754	14835	14920	15009	15101	15196	15294	小
天津	81722	82197	82690	83202	83732	84281	84849	85437	86045	86674	87323	小
廊坊	5046	5257	5474	5698	5928	6164	6406	6654	6909	7170	7437	大
沧州	3946	3947	3956	3974	3999	4030	4068	4112	4162	4216	4275	大
承德	6167	6149	6133	6118	6104	6093	6082	6073	6065	6058	6052	大
张家口	8464	8594	8729	8869	9014	9162	9315	9473	9635	9800	9970	小
京津冀	352873	354723	356651	358657	360740	362899	365134	367443	369828	372286	374820	近似

情境 3 下的京津冀城市群各城市供水总量预测（单位：万吨）

表 3-16

城市	2013 年	2014 年	2015 年	2016 年	2017 年	2018 年	2019 年	2020 年	2021 年	2022 年	2023 年	预测与实际的差距
北京	161733	162790	163339	163905	164488	165090	165709	166131	166563	167005	167457	小
石家庄	37232	37762	37939	38124	38317	38517	38725	38839	38954	39070	39186	小
唐山	25044	25514	25602	25694	25791	25892	25997	26028	26059	26089	26120	小
保定	9047	9603	9721	9850	9987	10134	10289	10349	10409	10469	10530	大
秦皇岛	14472	14703	14759	14821	14888	14959	15035	15043	15052	15060	15068	小
天津	81722	82029	82530	83049	83586	84142	84716	85170	85633	86105	86586	小
廊坊	5046	5640	5834	6037	6247	6464	6689	6833	6978	7124	7272	大
沧州	3946	3971	3978	3994	4017	4047	4084	4026	3968	3910	3853	大
承德	6167	6572	6536	6504	6473	6445	6419	6373	6327	6282	6236	大
张家口	8464	9136	9237	9345	9460	9581	9708	9775	9842	9909	9977	小
京津冀	352873	357720	359477	361322	363254	365271	367373	368567	369784	371023	372284	近似

表 3-17

情境 4 下的京津冀城市群各城市供水总量预测（单位：万吨）

城市	2013 年	2014 年	2015 年	2016 年	2017 年	2018 年	2019 年	2020 年	2021 年	2022 年	2023 年	预测与实际的差距
北京	161733	162790	163339	163905	164488	165090	165709	166348	167005	167682	168379	小
石家庄	37232	37762	37939	38124	38317	38517	38725	38940	39162	39391	39627	小
唐山	25044	25514	25602	25694	25791	25892	25997	26107	26220	26337	26458	小
保定	9047	9603	9721	9850	9987	10134	10289	10453	10625	10804	10990	大
秦皇岛	14472	14703	14759	14821	14888	14959	15035	15115	15200	15288	15380	小
天津	81722	82029	82530	83049	83586	84142	84716	85310	85924	86558	87213	小
廊坊	5046	5640	5834	6037	6247	6464	6689	6921	7160	7407	7660	大
沧州	3946	3971	3978	3994	4017	4047	4084	4127	4175	4228	4286	大
承德	6167	6572	6536	6504	6473	6445	6419	6395	6373	6353	6334	大
张家口	8464	9136	9237	9345	9460	9581	9708	9841	9981	10125	10275	小
京津冀	352873	357720	359476	361322	363254	365271	367373	369558	371825	374173	376603	近似

3. 各情境供水总量预测比较分析

图 3-9 和图 3-10 为各个情境自 2005 年到 2023 年的供水总量预测趋势，由于城镇化进程持续推进，各个情境的供水总量均呈上升趋势。情境 1 与情境 3 由于受到经济下滑影响，2019～2023 年人均可支配收入保持不变，供水总量自 2019 年开始增长速度减缓。情境 4 受到人均可支配收入持续增长以及水价与供水总量之间的协调关系不明显的作用，供水总量达到最大。

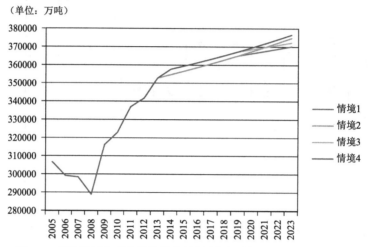

图 3-9　京津冀城市群各情境供水总量预测比较（2005～2023 年）

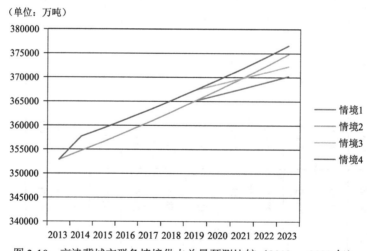

图 3-10　京津冀城市群各情境供水总量预测比较（2013～2023 年）

比较 2013 年、2014 年以及 2015 年的预测值与实际值，2013 年预测值与实际值差距 17771.5 万吨，2014 年差距 731.8 万吨，2015 年差距 30364 万吨，可以预期，此一差距会愈来愈大。差距主要来源于五个方面，第一，回归误差的不可预测性；第二，各城市实际供水总量超出过去趋势的大幅波动；第三，各城市情境设置条件超出预测趋势的大幅波动；第四，人均可支配收入未能及时反映城市产业发展，部分产业扩张对用水量产生实时需求，但未必直接促进人均可支配收入上升；第五，统计口径自身的误差。

京津冀城市群 2013 年、2014 年、2015 年供水量预测值与实际供水量（单位：万吨）表 3-18

城市	2013 年		2014 年		2015 年	
	预测值	实际值	预测值	实际值	预测值	实际值
北京	161733	187477.23	162790	182418.79	163339	182517.27
石家庄	37232	35080.85	37762	26784.81	37939	49410.45
唐山	25044	25978.75	25514	28122.5	25602	28840.51
保定	9047	9596.96	9603	8795.87	9721	10471.57
秦皇岛	14472	11287.88	14703	8795.87	14759	10659
天津	81722	78630.71	82029	81249.49	82530	85260.36
廊坊	5046	4790.81	5640	5001.37	5834	4514.62
沧州	3946	3919.42	3971	3952.95	3978	3782.47
承德	6167	5497.48	6572	4978.16	6536	6031.79
张家口	8464	8384.41	9136	8351.99	9237	8351.91
京津冀	352873	370644.5	357720	358451.8	359476	389840

由表 3-18 可以发现，预测值与实际值的差距主要受到北京市以及秦皇岛实际供水总量超出过去趋势的大幅波动的影响。北京市供水总量由 2012 年的 159646 万吨大幅增长到 2013 年的 187477 万吨，增幅达到 17%；秦皇岛供水总量由 2012 年的 12920 万吨下降到 2013 年的 11288 万吨，降幅达到 12.63%。这两个城市是造成 2013 年预测值与实际值产生差异的主要来源。同时，由于回归误差的不可预测性，各城市每一年的预测值与实际值误差也不断变化，以秦皇岛市来看，2013 年的预测误差为-22.00%，2014 年上升到-40.18%，2015 年再下降为-27.78%，而每一年误差最大的城市也不断变化，2013 年、2014 年是秦皇岛市，2015 年则是石家庄市。回归误差的不可预测性以及各城市实际供水总量超出过去趋势的大幅波动不断加大预测的欠准确性与困难性。

总的来说，京津冀城市群供水总量的预测结果传达出三个主要的信息：第一，人均可支配收入上升预期将导致供水总量上涨，受到我国经济持续增长的支撑，预期人均可支配收入仍将持续增长，因此推广节水设施将有助减少需求量及供水量。第二，过去一段时期居民生活用水价格与供水总量之间的协调关系不明显，因此调高水价标准，对抑制供水总量上升幅度的效果仍然有效，建议应加强研究水价与供水总量之间的关系，科学制定出对居民及产业用水敏感性更高的水价标准。第三，确保城市供水稳定任重道远，各级政府应建立监控机制，每年定期监测及分析供水趋势转变，找出造成供水量大幅增长或大幅度减少的主要原因，实时调整供水趋势，以增加供水总量预测的准确性。

长江三角洲城市群与珠江三角洲城市群也存在同样情况，本书限于篇幅就不再一一进行实际值与预测值的比较和分析。

二、长江三角洲城市群用水状况评价

（一）长江三角洲城市群概况

长江三角洲城市群一共 16 个城市，包括：上海、南京、无锡、常州、苏州、镇江、南通、泰州、扬州、杭州、宁波、绍兴、湖州、嘉兴、台州、舟山，即国家发改委 2010 年颁布的《长江三角洲地区区域规划》中所列的 16 个核心城市，这也是经典意义上的长江三角洲范围。近些年，有人主张将其扩展到整个江苏省、浙江省，甚至还要包括安徽省部分城市在内。本书认为，新增加的城市，无论是同原有城市群的联系程度，还是自身发展的水平，都无法同核心区相媲美，故本书讨论的范围是原有的 16 个核心城市[①]。

2010 年 5 月国务院正式批准实施的《长江三角洲地区区域规划》明确了长江三角洲地区发展的战略定位，即亚太地区重要的国际门户、全球重要的现代服务业和先进制造业中心、具有较强国际竞争力的世界级城市群；到 2015 年，长江三角洲地区率先实现全面建设小康社会的目标；到 2020 年，力争率先基本实现现代化。长江三角洲城市群已成为国际公认的 6 大世界级城市群之一。表 3-19 是长江三角洲城市群水资源基本概况。

长江三角洲城市群各城市水资源状况   表 3-19

城市名	水源	水系	降水量（毫米）	水资源总量（亿立方米）	人均水资源量（立方米/人）
上海	上海黄浦江上游、青草沙、陈行、崇明东风西沙	黄浦江	1435.8	33.9	143.4
南京	长江	长江、淮河、太湖	917.2	26.99	330.7
无锡	太湖和长江	长江	1376	23.55	364.55
常州	长江	南河水系、太湖、滆湖、洮湖三湖水系、运河水系	1308.3	20.31	433.97
苏州	太湖、阳澄湖、金塘河	长江	1308.1	29.29	277.89
镇江	长江	长江	1112.4	13.02	413.33
南通	长江	长江	976.7	24.46	335.53
泰州	引江河	长江、淮河	979.4	19.74	426.37
扬州	长江	长江、淮河	863.9	21.03	471.52
杭州	钱塘江	钱塘江、太湖	1728.8	221.26	2514.31
宁波	姚江	甬江	2047.9	129.82	1701.4
绍兴	青甸湖	钱塘江	1609.5	102.23	2069.43
湖州	太湖	太湖	1269.8	56.48	1947.58

① 从 2012 年底高层调研江西和湖北时表示安徽要加入长江中游城市群后，多年来安徽开始融入长江三角洲发展的"中四角"努力。2014 年，国务院文件《国务院关于依托黄金水道推动长江经济带发展的指导意见》提到沿江五个城市群的发展规划和战略定位，其中首次明确了安徽作为长江三角洲城市群的一部分，参与长江三角洲一体化发展。

续表

城市名	水源	水系	降水量（毫米）	水资源总量（亿立方米）	人均水资源量（立方米 / 人）
嘉兴	石臼漾湿地、贯泾港湿地	太湖和钱塘江	1241.7	36.87	811.4
台州	长潭水库	灵江	2094.2	129.58	2159.67
舟山	水库蓄水和河道翻水	海陆水系	1489.5	13.05	1144.73

（二）长江三角洲城市群 2005 ～ 2012 年期间用水状况比较

本书对长江三角洲城市群 2005 ～ 2012 年期间各个城市供水相关指标的绝对值进行横向比较，期望得到关于该城市群用水状况的一些直观结论。

1. 城市供水能力分析

表 3-20 反映了长江三角洲城市群各城市的城市供水总量情况。2005 ～ 2012 年期间，长江三角洲城市群 16 个城市中，供水总量排名前五位的城市是上海、南京、杭州、苏州和宁波，并占到全部供水量的 78%。2012 年相比于 2005 年，城市供水总量减少的城市有上海、常州和杭州 3 个城市，其他城市供用水总量都呈现不同程度的增长态势，其中苏州、无锡、南通 3 个城市增长幅度都较大，苏州增长率达到 113%。上海市在经济发展总量和人口数量不断增加的情况下，其供水总量却能逐年递减，这显示上海市在水资源利用和节约用水管理方面的能力明显超过其他城市。

长江三角洲城市群 2005 ～ 2012 年各城市供水总量（单位：万吨 / 年）　　表 3-20

城市 \ 年份	2005 年	2006 年	2007 年	2008 年	2009 年	2010 年	2011 年	2012 年
上海	335517	338236	346069	349481.02	341389.23	336637	311300	309700
南京	118875	117603	104760	105129.64	108735	112326	118862	121401
无锡	23990	30080	34400.3	36043.22	39448.65	45907	43033	45257
苏州	37335	37635	45550.2	42521.51	49341.31	52348	55557	79575
泰州	5661	5213	4884	4695	4903	5321	6595	7038
南通	14275	14848	11304	16500	20041	21189	20442	20803
镇江	15587	14137	15389	15625	16432	16660	15824	16096
扬州	13288	11315	10664	10593	10959	12534	15898	16819
常州	32384	30763	33770.1	32790.99	32793.61	30031	29311	27416
杭州	73331	64734	66753	68178	69499	53565	52660	58183
宁波	36535	37994	40107.3	40986.86	38356.6	43375	44758	46325
嘉兴	9328	7374	8355.32	7220.11	7879.09	11282	10587	11685
湖州	8185	6985	7970.94	7837.7	8509.81	8783	8803.5	8873.15

续表

城市＼年份	2005 年	2006 年	2007 年	2008 年	2009 年	2010 年	2011 年	2012 年
绍兴	8730	9138	9482.15	10206.03	10573.02	10640	11286.1	11775.1
舟山	4077	3862	4194	4033	4046	4524	4535	4405
台州	13059	15826	12708.4	11790.66	12456	13227	13719.2	13425

由图 3-11 可知，2005 ～ 2012 年期间，上海市年均供水总量最大，超过 30 亿吨，是第二位南京市供水总量的三倍。长江三角洲城市群供水量较小的城市主要是泰州、嘉兴、湖州和舟山。

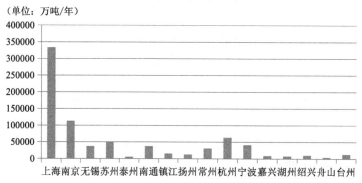

图 3-11　长江三角洲城市群 2005 ～ 2012 年各城市供水量平均值

从公共供水指标来看，由表 3-21 和图 3-12 可知，长江三角洲城市群各城市公共供水情况整体好于京津冀城市群，以 2012 年为例，除去南京、无锡和绍兴三个城市外，其他城市的公共供水占全部城市供水比重均超过 80%，上海、泰州、南通、杭州、湖州、嘉兴、舟山和台州更是达到了 100%。这说明这些城市持续进行公共供水设施的投资与建设，逐步实现了整个城市用水来源于自来水厂的公共供水。从总量上来看，2005 ～ 2012 年期间，公共供水占全部城市供水总量比重达到 100% 的城市有南通、杭州和舟山，排名在后三位的城市是南京、绍兴和常州，占比分别为 56.7%、66.1% 和 72.2%。从图 3-13 可以看出，除 2009 年和 2012 年外，其他年份的公共供水增长率均高于城市供水增长率，显示该城市群各城市非常重视供水设施的投资与建设。

长江三角洲城市群 2005 ～ 2012 年各城市公共供水占供水总量之比（单位：%）　表 3-21

城市＼年份	2005 年	2006 年	2007 年	2008 年	2009 年	2010 年	2011 年	2012 年
上海	85	86	88	88	89	92	100	100
南京	45	49	58	59	61	64	64	54
无锡	100	98	97	100	89	78	80	76
苏州	100	100	100	100	88	87	87	84

年份 城市	2005 年	2006 年	2007 年	2008 年	2009 年	2010 年	2011 年	2012 年
泰州	100	58	100	93	98	99	100	100
南通	100	100	100	100	100	100	100	100
镇江	70	70	72	74	76	74	76	82
扬州	63	80	79	80	82	85	88	91
常州	71	68	70	71	72	73	74	80
杭州	100	100	100	100	100	100	100	100
宁波	87	88	90	93	92	95	98	98
嘉兴	83	98	100	100	100	100	100	100
湖州	98	100	100	100	100	100	100	100
绍兴	69	69	69	65	63	64	63	67
舟山	100	100	100	100	100	100	100	100
台州	98	69	89	100	100	100	100	100

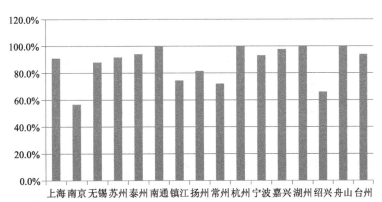

图 3-12　长江三角洲城市群 2005 ~ 2012 年各城市平均公共供水量占全部供水量比重

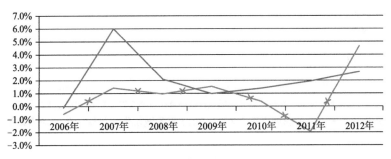

图 3-13　长江三角洲城市群 2006 ~ 2012 年城市供水和公共供水量增长率

　　表 3-22 显示长江三角洲城市群各城市的日综合生产能力，除舟山外，其他城市的日综合生产能力均有不同程度的提升。其中提升幅度最大的城市是苏州和南通，分别提升了 1.74 倍和 1.2 倍。整个城市群供水日综合生产能力最高的城市是上海市，遥遥领先于其他城市（图 3-14）。

长江三角洲城市群 2005 ～ 2012 年各城市日综合生产能力（单位：万吨 / 日）　　　表 3-22

城市 ＼ 年份	2005 年	2006 年	2007 年	2008 年	2009 年	2010 年	2011 年	2012 年
上海	1096	1492.6	1418.63	1407.63	1434.63	1465.6	1150	1145
南京	589.8	579.4	726	613	596	645.8	642.6	633.8
无锡	145.6	155.4	128.1	206	221	241	230	260
苏州	127.25	177.8	211.8	227.53	214.37	242.1	242.1	348.9
泰州	31	31	31	34	57	57	42	42
南通	60	80	90	90	97.5	137.5	137.5	132.5
镇江	66.55	62.2	62.2	62.2	62.2	54.5	52	68
扬州	58	51	51	51	51	71	82.42	80.72
常州	127.5	130.5	132.5	145.5	193	182.5	182.5	197.5
杭州	252.8	256	274	299	320	320	320	320
宁波	137	137	165	165	172	247	247	225
嘉兴	47.09	36.7	49.09	44.05	49.05	49.1	54	71.8
湖州	42.5	27	27	47	47	47.4	47.35	47.4
绍兴	95	95	97	83.15	81.09	81.2	82.46	94.93
舟山	32	21.8	27.5	26.9	28.2	29	24.9	24.9
台州	44.94	40.7	53.34	54.6	54.6	53.8	53.84	52.32

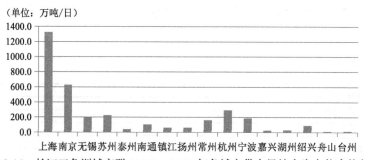

图 3-14　长江三角洲城市群 2005 ～ 2012 年各城市供水日综合生产能力均值

　　从供水管网长度来看，2005 ～ 2012 年期间，长江三角洲城市群除去无锡市供水管网长度减少 8.2% 外，其他城市均有不同程度的增长。供水管网长度增长幅度达到 1 倍或接近 1 倍的城市有苏州、南通、扬州、常州和绍兴；增长幅度低于 10% 的城市有泰州、镇江和嘉兴。整个城市群供水管网长度位列前三位的城市是上海、常州和南京（表 3-23、图 3-15）。

长江三角洲城市群 2005 ～ 2012 年各城市供水管网长度（单位：公里）　　　　　　表 3-23

城市 ＼ 年份	2005 年	2006 年	2007 年	2008 年	2009 年	2010 年	2011 年	2012 年
上海	25482	28329	28950	29148	30753	32462	32217	34904
南京	6929	7480	8536	8679	8560	8673	8795.78	8883.61
无锡	5050	5400	5312	5557	5968.01	6293	3739	4637
苏州	3848	3748	4086.76	5073.11	5460.95	6354	6510.2	7611
泰州	1173	1390	1258.11	1131.31	1155.41	1206	1232.39	1271
南通	1254	1343	1420	1491	2097	2159	2289	2691
镇江	2278	1585	1702.5	1842.6	1935.84	2034	2216.59	2292.6
扬州	1310.5	1467	1659.06	1799.88	1981.72	2042	2794.45	2954
常州	5181	3808	4672.07	5523.67	6200.75	7488	8881.61	11393.22
杭州	4611.5	4542	5515	5788.28	6066.46	6510	7048.34	8093
宁波	1921	2664	2694.1	2770	2303	2688	2879.05	2935.36
嘉兴	866	606	679	701	749.07	762	782.62	883.1
湖州	2212	1727	1812.35	1984.48	2272.04	2385	2571.59	2742
绍兴	1115	1320	1506	1771	1901	2012	2105	2219
舟山	922	704	824	952	1101	1154	1091	1286
台州	1790	1568	1575.6	1704.4	1936.4	2036	2390.9	2896

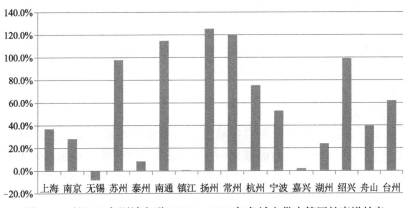

图 3-15　长江三角洲城市群 2005 ～ 2012 年各城市供水管网长度增长率

2. 人均日生活用水量

由表 3-24 可知，2012 年相比较于 2005 年，长江三角洲城市群 16 个城市中，上海、南京、泰州、南通、杭州、宁波、嘉兴、湖州和舟山 9 个城市的人均日生活用水量逐渐减少。其中减少幅度位列前三位的城市是嘉兴、湖州和舟山。人均日生活用水量增长幅度位列前三位的城市是苏州、扬州和台州。

长江三角洲城市群 2005～2012 年各城市人均日生活用水总量（单位：升／日）　表 3-24

城市 ＼ 年份	2005 年	2006 年	2007 年	2008 年	2009 年	2010 年	2011 年	2012 年
上海	262.1	213.1	215.09	201.95	206.96	174.83	183.57	186.5
南京	318.06	239.96	234.41	252.04	262.42	314.8	304.1	298.5
无锡	183.8	190.2	182.94	208.86	208.38	228.3	210.6	204.4
苏州	215.32	267.07	298.3	291.71	299.88	295.1	291.1	318.6
泰州	187.78	104.28	96.84	101.64	106.38	100	123.27	127.89
南通	226.6	192	187.2	276.39	251.76	236.18	205.67	175.25
镇江	204.57	193.8	194.78	196.26	212.01	199.6	194.6	216.9
扬州	145	150.02	183.97	172.17	153.14	150.57	184.89	212.2
常州	181.59	204.98	217.61	234.9	232.08	238.7	229.9	226.8
杭州	383	313.71	319.86	335.38	338.6	255.71	254.79	251.5
宁波	340	325.61	292.41	299.56	313.24	290.28	299.18	300.35
嘉兴	308.45	300.26	198.69	160.56	155.79	152.25	161.9	170.66
湖州	239.16	189.07	170.29	162.59	168.84	154.23	153.98	157.19
绍兴	118.14	143.07	141.37	149.76	146.69	151.64	155.53	148.55
舟山	190.5	141.6	117.05	109.89	118.92	130.21	137.87	128.92
台州	130.41	188.08	135.95	148.59	166.78	185.83	193.92	181.71

由图 3-16 可知，2005～2012 年期间，宁波、杭州、苏州三个城市人均日生活用水量平均值较高，分列长江三角洲城市区前三位。绍兴、舟山和泰州三个城市人均日生活用水量较少，分列后三位。

3. 城市供水结构

表 3-25 显示了长江三角洲城市群各城市不同用途供水量占全部供水量的占比状况。2012 年与 2005 年相比，长江三角洲城市群 12 个城市的生产经营用水占比不同程度降低，嘉兴和上海降幅均超过了 20%；苏州和无锡等 4 个城市生产经营用水占比升高。以 2012 年数据来看，整个城市群除绍兴、苏州、常州和宁波外，其他城市的生产经营用水占比不超过 40%。针对公共服务用水和居民家庭生活用水占比，2012 年相较于 2005 年，上海等 10

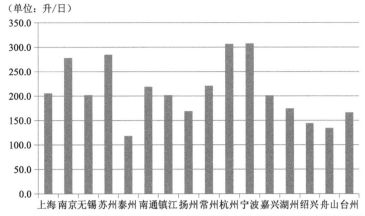

（单位：升/日）

图 3-16 长江三角洲城市群 2005～2012 年各城市日人均生活用水总量平均值

个城市不同程度提高，无锡等 6 个城市有所降低。这与相关城市产业结构调整、城市发展战略、人口发展水平相关。

对于漏损水量占比，由表 3-25 数据可以看出，2012 年相较于 2005 年，长江三角洲城市群有 3 个城市呈现降低趋势，其他 13 个城市都呈现不同程度的提升。2012 年，只有南通达到了 17.4%，其余城市均低于 15%。总体上，该城市群的管网供水漏损情况不是十分严重。

长江三角洲城市群 2005～2012 年各城市各类供水量占全部供水量的比重（单位：%） 表 3-25

城市	生产经营用水占比			公共服务和居民家庭用水占比			漏损水量占比		
	2005 年	2012 年	二者之差	2005 年	2012 年	二者之差	2006 年	2012 年	二者之差
上海	37.8	17.4%	−20.4	50.7	52.3	1.64	9.1	13.7	4.7
南京	44.8	36.3%	−8.4	46.2	47.7	1.56	6.2	9.1	2.9
无锡	37.0	47.1%	10.1	62.6	40.1	−22.5	1.5	9.6	8.1
苏州	32.0	49.0%	17.0	47.4	40.7	−6.7	9.3	12.1	2.9
泰州	39.5	28.9%	−10.6	57.1	44.0	−13.2	10.1	14.8	4.7
南通	49.9	32.6%	−17.3	49.5	45.7	−3.8	15.9	17.4	1.5
镇江	51.7	37.8%	−13.9	47.6	43.0	−4.6	11.2	13.6	2.4
扬州	33.8	23.0%	−10.7	45.3	48.9	3.6	9.5	12.3	2.8
常州	49.1	44.6%	−4.5	41.9	42.5	0.6	19.4	7.7	−11.7
杭州	37.3	21.4%	−15.8	48.0	57.5	9.5	9.2	12.8	3.6
宁波	46.9	44.0%	−2.8	38.8	41.5	2.8	9.3	13.8	4.5
嘉兴	50.2	28.9%	−21.3	48.6	41.2	15.8	11.2	15.2	4.0
湖州	29.9	23.1%	−6.8	66.1	55.4	−10.7	13.4	11.8	−1.7

续表

城市	生产经营用水占比			公共服务和居民家庭用水占比			漏损水量占比		
	2005 年	2012 年	二者之差	2005 年	2012 年	二者之差	2006 年	2012 年	二者之差
绍兴	56.8	60.1%	3.3	32.0	35.9	3.9	6.1	2.7	-3.5
舟山	32.4	34.2%	1.8	49.2	52.9	3.7	13.5	3.9	-9.6
台州	50.4	40.5%	-10.0	47.9	50.0	2.1	6.7	8.4	1.6

4. 城市供水价格

由表 3-26 和图 3-17 可以看出，2005 ~ 2012 年期间，长江三角洲城市群各城市居民家庭生活自来水价格均不同程度有所提高。2012 年自来水价格最高的城市是舟山，其次为宁波，而南通自来水价格最低，从 2005 年到 2011 年没有变动，始终保持 1 元 / 立方米的价格水平。2005 年到 2011 年期间，长江三角洲城市群平均居民生活用水价格最高的舟山和宁波，其余 14 个城市均低于 2 元 / 立方米。

长江三角洲城市群 2005 ~ 2012 年各城市居民家庭生活自来水价格（单位：元 / 立方米）表 3-26

城市 \ 年份	2005 年	2006 年	2007 年	2008 年	2009 年	2010 年	2011 年	2012 年
上海	1.03	1.03	1.03	1.03	1.21	1.38	1.63	1.63
南京	0.5	0.8	0.9	0.9	1.35	1.5	1.5	1.6
无锡	1.21	1.21	1.21	1.21	1.66	1.9	1.9	1.9
苏州	1.55	1.55	1.55	1.55	1.55	1.7	1.75	1.83
泰州	1.2	1.2	1.2	1.2	1.375	1.715	1.715	1.715
南通	1	1	1	1	1	1	1	1.28
镇江	1.31	1.31	1.31	1.31	1.31	1.31	1.31	1.31
扬州	1.3	1.3	1.3	1.3	1.3	1.3	1.3	1.3
常州	1.16	1.16	1.16	1.16	1.16	1.44	1.72	1.72
杭州	1.35	1.35	1.35	1.35	1.35	1.35	1.35	1.35
宁波	2.4	2.4	2.4	2.4	2.4	2.4	2.4	2.4
嘉兴	1.15	1.15	1.15	1.15	1.6	1.6	1.6	1.6
湖州	1.2	1.2	1.2	1.2	1.2	1.85	1.85	1.85
绍兴	1.6	1.6	1.6	1.6	1.6	1.6	1.8	1.8
舟山	2	2	2	2.9	2.9	2.9	2.9	2.9
台州	1.95	1.95	1.95	1.95	1.95	1.95	1.95	1.95

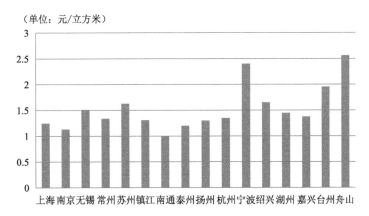

（单位：元/立方米）

图 3-17　长江三角洲城市群 2005 ～ 2012 年各城市居民家庭生活自来水平均价格

（三）长江三角洲城市群各城市用水特征评价与结果分析

1. 各数据的平均数和方差分析

本节对长江三角洲城市群各城市人均可支配收入、第三产业总值以及人均日生活用水量、供水总量等各指标进行描述性统计，计算了 2005 ～ 2012 年期间数据的平均数和方差，见表 3-27 和表 3-28。

分析结果表明，长江三角洲城市群集中发展上海、苏州、宁波、杭州四大城市的态势明显，次要发展城市为南京。原先家庭人口较多而近年快速朝向小家庭化发展的城市是南京、台州、常州。供水基础设施建设以上海、常州、苏州变动幅度最大；其次是杭州、无锡。人均日生活用水量变动与生活用水量变动较大的城市较为不同，说明人均日生活用水量大幅变动不是造成生活用水量大幅变动的主因，造成生活用水量大幅变动的成因复杂；人均日生活用水量大幅变动的城市，主要发生在次要发展城市。居民用水水价变动与人均日生活用水量变动较大的城市不同，说明水价可能有助稳定人均日生活用水量变动。气温与降雨量变动不存在一定的依存关系。

2005 ～ 2012 年长江三角洲城市群各变量变化较大的前三位城市　　　　　　　表 3-27

变量	城市	变量	城市
人均可支配收入	苏州、上海、杭州	第三产业总值	上海、苏州、南京
城市建城区面积	苏州、上海、宁波	户均人数	南京、台州、常州
常住人口	上海、苏州、杭州	降雨量	宁波、杭州、上海
气温	湖州、南通、镇江	居民用水价格	舟山、宁波、南京
人均日生活用水量	嘉兴、杭州、南通	供水总量	上海、常州、湖州
供水管道长度	上海、常州、苏州	日综合生产能力	上海、苏州、无锡

长江三角洲城市群各城市用水变量描述性统计分析

表 3-28

城市		人均日生活用水量（单位：日/升）	供水总量（单位：万吨）	居民生活用水价（单位：元/立方米）	水价人均可支配收入	综合生产能力（单位：万立方米/日）	供水管道长度（单位：公里）	气温（单位：摄氏度）	降雨量（单位：毫米）
上海	平均	205.51	118875.00	1.25	0.000045	1326.26	30280.63	17.49	1254.13
	方差	735.80	117603.00	0.07	0	27274.92	8570817.70	0.18	52556.53
南京	平均	278.04	34400.30	1.13	0.000045	628.30	8317.05	16.44	1100.14
	方差	1189.18	36043.22	0.17	0	2176.73	506025.74	0.25	24408.12
无锡	平均	202.19	32793.61	1.51	0.000062	198.39	5244.50	16.95	1109.84
	方差	241.81	30031.00	0.12	0	2393.62	631804.07	0.34	2334016
常州	平均	220.82	55557.00	1.34	0.000060	161.44	6643.54	16.65	1118.35
	方差	366.16	79575.00	0.07	0	912.03	6255815.17	0.13	30449.11
苏州	平均	284.64	14275.00	1.63	0.000066	223.98	5336.50	17.30	1061.15
	方差	983.89	14848.00	0.01	0	4000.61	1995986.41	0.19	17484.83
镇江	平均	201.57	10664.00	1.31	0.000070	61.23	1985.89	16.13	1092.53
	方差	77.16	10593.00	0.00	0	29.77	71285.15	0.55	27453.73
南通	平均	218.88	69499.00	1.41	0.000074	103.13	1843.00	16.13	1122.66
	方差	1221.66	53565.00	0.02	0	856.70	283163.71	0.61	38139.84
泰州	平均	118.51	44758.00	1.38	0.000079	40.63	1227.15	16.15	1050.53
	方差	907.92	46325.00	0.03	0	123.13	6734.34	0.26	14911.84
扬州	平均	169.00	8185.00	1.46	0.000081	62.02	2001.08	16.18	1105.23
	方差	554.33	6985.00	0.05	0	192.63	351306.15	0.19	23840.11

续表

		人均日生活用水量（单位：日/升）	供水总量（单位：万吨）	居民用水水价（单位：元/立方米）	水价人均可支配收入	综合生产能力（单位：万立方米/日）	供水管道长度（单位：公里）	气温（单位：摄氏度）	降雨量（单位：毫米）
杭州	平均	306.57	8355.32	1.35	0.000055	295.23	6021.82	17.65	1423.50
	方差	2317.96	7220.11	0.00	0	894.06	1439159.93	0.23	57115.68
宁波	平均	307.58	12456.00	1.88	0.000071	186.88	2606.81	17.73	1470.39
	方差	303.54	13227.00	0.21	0	2119.55	112686.95	0.36	64525.78
绍兴	平均	144.34	4535.00	1.65	0.000066	88.73	1743.63	17.84	1392.85
	方差	132.57	4405.00	0.01	0	53.00	155029.70	0.20	17332.42
湖州	平均	174.42	4209.50	1.44	0.000063	39.65	2227.00	17.14	1190.65
	方差	816.62	62788.29	0.11	0	99.25	257725.00	1.33	28739.81
嘉兴	平均	201.07	234.16	1.38	0.000058	51.17	753.60	16.93	1170.68
	方差	4272.65	9454.50	0.06	0	218.64	8636.42	0.11	28087.55
台州	平均	166.41	178.00	1.95	0.000084	48.63	1987.16	18.65	1795.25
	方差	625.59	840.50	0.00	0	27.23	208265.73	0.17	28087.55
舟山	平均	134.37	135.35	2.56	0.000110	28.63	1004.25	16.98	1336.09
	方差	628.58	34.45	0.22	0	12.70	35832.79	0.25	20531.55

2. 城际变化趋势分析

由图 3-18 观察发现，各变量在城际之间的变化可分为五大类型。第一类是以上海市为领头羊的大规模领先的变量，包括供水总量、综合生产能力、供水管网长度、第三产业产值和常住人口。第二类是上海市和南京市大规模领先变量，即建成区面积。第三类是台州和舟山的小规模领先的变量，包括水价、水价与人均可支配收入比。第四类是各城市间差异性小的变量，包括人均可支配收入、户均人口和雨量。第五类是各城市间差异性大的变量，包括气温和人均日生活用水量。在分析上述五类变量的基础上，可以发现长江三角洲城市群供水方面有以下三个方面的特征。

第一，以上海为经济发展与水基础设施建设的核心。长江三角洲城市群在经济发展上呈现两极化发展，上海遥遥领先其他城市，上海市供水基础设施建设和用水总量一枝独秀。上海市供水规模化影响到供水行业在技术方面的研发经费总量。长江三角洲城市群供水行业的两极化发展状况表明，除上海之外，其他城市的供水行业发展能力较弱。因此，上海

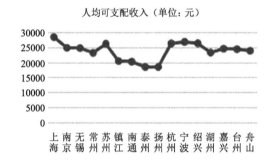
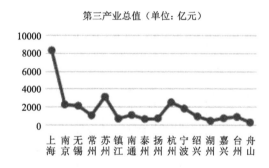
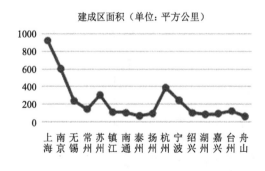
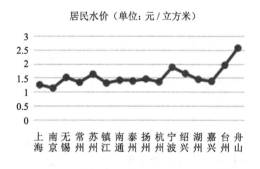
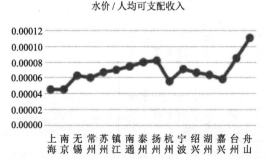
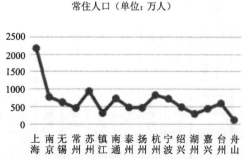

图 3-18　长江三角洲城市群 2005～2012 年社会经济变量与用水相关变量长期波动图（一）

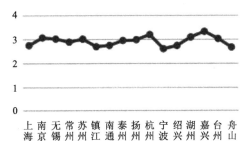

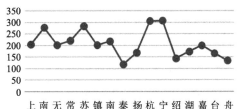

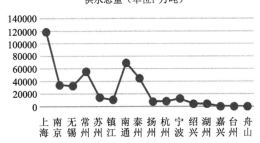

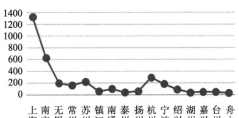

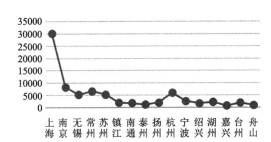

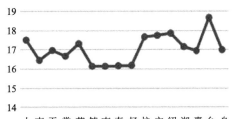

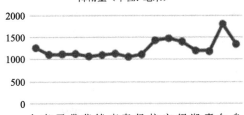

图 3-18 长江三角洲城市群 2005 ～ 2012 年社会经济变量与用水相关变量长期波动图（二）

作为长江三角城市群的核心城市，应致力扮演好区域内供水技术研发和供给的主要角色。

第二，应致力于改善整个城市群全部城市的人均日生活用水量差异。常住人口、用水总量以及供水基础设施建设的规模以上海为核心遥遥领先其他城市。由于用水总量来自人均日生活用水量乘以常住人口，当人均日生活用水量在各城市间的差异性较大时，表示原先常住人口较高的城市，其生活用水总量将更高。维持个人每日基本生活所必须使用的用水量应当相近，因此对长江三角洲城市群来说，各个城市应该通过技术改进和严格执行节水措施，特别是上海市应向整个区域提供先进的供水技术和管理技术，减少城际人均日生活用水量的差异性，共同降低各城市的人均日生活用水量，从而降低整个区域的用水总量。

第三，供水价格定价未考虑当地人均可支配收入。水价与人均可支配收入比，这项指标反映了水价的合理性。一般地，较高的水价与人均可支配收入比，有助于节约用水，反之，较低的水价与人均可支配收入比，会影响水价对用水量的调节能力。然而，在长江三角洲城市群中，城际之间的水价与人均可支配收入在台州、舟山呈现小规模领先，其他城市都偏低，这也说明城市群内其他城市的水价定价较不合理，未考虑人均可支配收入。

3. 长江三角洲城市群用水特征分析

在对社会经济和供水相关数据进行描述性统计分析和数据检验的基础上，利用第二章构建的两个用水需求预测模型，分析长江三角洲城市群各城市用水特征。泰州市的人均日生活用水量在 2005 年有较大幅度的变化，影响模型的稳定性，因此在分析时删除泰州市。表 3-29 是面板模型分析结果。

长江三角洲城市群用水特征面板模型 Ⅰ–Ⅱ 分析结果　　　　　表 3-29

变量	模型 Ⅰ	模型 Ⅱ
	系数（p 值）	系数（p 值）
城市建成区面积	0.41 （0.00）	
人均可支配收入	−0.11 （0.50）	−0.39 （0.00）
常住人口	0.26 （0.46）	
水价 / 人均可支配收入	241.09 （0.84）	−1828.31 （0.19）
气温	−0.55 （0.16）	−0.07 （0.88）
雨量	0.04 （0.63）	−0.05 （0.60）
第三产业总值		0.23 （0.00）
户均人口		0.77 （0.33）
R-squared within	0.36	0.11
R-squared between	0.97	0.42

各模型计算结果解释如下：（1）模型Ⅰ说明长江三角洲城市群的供水总量与城市建成区面积有明显的相依关系，随着城市建成区面积愈大，供水总量也愈大，符合理论预期；常住人口虽然也是正向影响供水总量，但是影响性不显著，反映出城市土地利用多元化，即因城市建成区面积与人口扩张不存在明显关联，人均日生活用水量变化在城市建成区面积与供水总量之间的中介作用较小，使得城市建成区面积越大，供水总量也越高。（2）模型Ⅱ说明了人均可支配收入变动是造成人均日生活用水量变化的主要原因，两者影响显著，人均可支配收入愈高，人均日生活用水量愈低，此结果符合城镇化对节约人均日生活用水量的预期，显见节水观念以及用水设施改善在长江三角洲城市群城镇化过程中较为明显。（3）模型Ⅱ也说明第三产业总值增长对人均日生活用水量的显著带动作用，第三产业发展会带来许多服务场所增加，进而增加公共用水，因此第三产业总值增长对人均日生活用水量的正向作用也反映了长江三角洲城市群的服务业发展相对发达。

综上所述，长江三角洲城市群用水总体特征为：城市之间的人均日用水量在各城市间差异性大，与城镇化进程带动收入差异有关，人均可支配收入越高，人均日生活用水量越低。这也表明，在长江三角洲城市群中，人均可支配收入越高的城市用水越集约。而供水总量上升与城市建成区面积扩张有关，城市土地多元发展是主因，第三产业土地利用持续扩张抵消了人均可支配收入所带动的城市用水集约效果。

（四）长江三角洲城市群未来供水总量预测

采用模型Ⅰ关于城市社会经济变化对供水量影响的面板回归分析结果为依据进行预测。同样的，各个自变量的未来变动，依其过去路径规律以及当前社会经济环境，设定可能发生的社会经济情境，预测在各情境发生的条件下城市群未来的供水总量变化。而未来各类突发社会经济变动，不在本节情境设置的考虑范围内。

1. 供水总量预测

供水总量预测方程与京津冀城市群预测方程相同，情境设置条件见表3-12和表3-13。以下针对4种情境进行供水总量预测，预测结果见表3-30～表3-33。

情境1：各城市的偏差大小见表3-30中最右列。由于该偏差在城市之间会相互抵销，故针对城市群整体的预测则偏差较小。表3-33显示，上海、南京、泰州、绍兴、湖州、嘉兴、舟山的预测结果会偏差较大。模型Ⅰ拟合结果显示，长江三角洲城市群人均可支配收入对供水量有一定的约束作用，人均可支配收入增长，供水总量愈低（统计上系数不显著），另一方面，水价与供水总量之间的协调关系则不明显（统计上系数不显著），水价/人均可支配收入越大，供水总量也越高，因此，城市群整体的供水总量呈现向上增长的趋势，城市群整体的供水总量到了2023年将达到994430万吨。

情境2：随着人均可支配收入持续增加，城市群整体的供水总量较情境1下降，到了2023年为964888万吨。

情境3：由于2005到2012年水价与供水总量之间的协调关系不明显，在趋势不变的情况下，城市群整体的供水总呈现向上成长的趋势。这也表明，在城镇化快速发展时期，人口不断增长将导致水价与供水总量间的影响脱钩。当人均可支配收入成长快于水价时，水价/人均可支配收入的比值下降，因此，城市群整体的供水总量较情境1下降，到了2023年为994373万吨。

情景 1 下的长江三角洲城市群各城市供水总量预测

表 3-30

城市	2013 年	2014 年	2015 年	2016 年	2017 年	2018 年	2019 年	2020 年	2021 年	2022 年	2023 年	预测与实际的差距
上海	297249	298333	299437	300562	301707	302872	304761	306694	308674	310700	312775	大
南京	126230	126576	126929	127288	127653	128023	128886	129763	130655	131563	132486	大
无锡	45010	46638	48346	50137	52016	53987	56529	59218	62063	65073	68258	小
常州	26201	27208	28257	29349	30485	31668	33196	34799	36480	38243	40092	小
苏州	99215	101116	103104	105183	107357	109630	112644	115825	119182	122726	126466	小
镇江	15830	16061	16296	16534	16777	17025	17484	17953	18432	18923	19423	小
南通	20620	22582	24678	26918	29312	31869	34918	38199	41729	45528	49615	小
泰州	8117	8293	8472	8653	8838	9025	9376	9734	10098	10470	10848	大
扬州	19563	21041	22614	24290	26075	27976	30340	32881	35612	38547	41701	小
杭州	60743	61492	62257	63038	63836	64649	65883	67151	68453	69791	71164	小
宁波	47874	48419	48975	49544	50124	50716	51645	52598	53576	54578	55606	小
绍兴	12388	12837	13297	13768	14251	14746	15446	16167	16910	17676	18466	大
湖州	8919	9120	9326	9536	9750	9967	10357	10756	11164	11580	12006	大
嘉兴	11931	12219	12514	12814	13121	13433	13968	14516	15078	15655	16246	大
台州	13531	13398	13268	13140	13015	12891	12949	13007	13065	13123	13181	小
舟山	4347	4448	4551	4656	4764	4874	5109	5348	5593	5842	6096	大
长三角	817768	829781	842321	855411	869079	883351	903491	924610	946766	970018	994430	近似

情境 2 下的长江三角洲城市群各城市供水总量预测

表 3-31

城市	2013 年	2014 年	2015 年	2016 年	2017 年	2018 年	2019 年	2020 年	2021 年	2022 年	2023 年	预测与实际的差距
上海	297249	298333	299437	300562	301707	302872	304059	305266	306495	307744	309016	大
南京	126230	126576	126929	127288	127653	128023	128399	128780	129166	129558	129954	大
无锡	45010	46638	48346	50137	52016	53987	56054	58221	60494	62877	65376	小
常州	26201	27208	28257	29349	30485	31668	32898	34179	35512	36899	38343	小
苏州	99215	101116	103104	105183	107357	109630	112006	114490	117087	119801	122637	小
镇江	15830	16061	16296	16534	16777	17025	17276	17531	17791	18055	18322	小
南通	20620	22582	24678	26918	29312	31869	34603	37523	40645	43980	47544	小
泰州	8117	8293	8472	8653	8838	9025	9215	9408	9603	9802	10003	大
扬州	19563	21041	22614	24290	26075	27976	30000	32155	34451	36895	39498	小
杭州	60743	61492	62257	63038	63836	64649	65479	66326	67190	68072	68971	小
宁波	47874	48419	48975	49544	50124	50716	51321	51937	52566	53208	53862	小
绍兴	12388	12837	13297	13768	14251	14746	15253	15772	16304	16849	17407	大
湖州	8919	9120	9326	9536	9750	9967	10189	10414	10644	10877	11114	大
嘉兴	11931	12219	12514	12814	13121	13433	13751	14076	14406	14742	15085	大
台州	13531	13398	13268	13140	13015	12891	12770	12650	12532	12416	12301	小
舟山	4347	4448	4551	4656	4764	4874	4986	5100	5217	5336	5457	大
长三角	817768	829781	842321	855411	869079	883351	898258	913831	930103	947110	964888	近似

情境 3 下的长江三角洲城市群各城市供水总量预测

表 3-32

城市	2013 年	2014 年	2015 年	2016 年	2017 年	2018 年	2019 年	2020 年	2021 年	2022 年	2023 年	预测与实际的差距
上海	297249	298310	299393	300497	301623	302771	304666	306607	308594	310628	312710	大
南京	126230	126555	126888	127229	127577	127931	128797	129678	130574	131485	132412	大
无锡	45010	46632	48335	50122	51996	53962	56511	59207	62059	65076	68269	小
常州	26201	27203	28246	29333	30464	31642	33176	34786	36473	38243	40099	小
苏州	99215	101107	103086	105157	107323	109589	112611	115800	119165	122718	126467	小
镇江	15830	16047	16269	16496	16728	16965	17427	17899	18382	18875	19379	小
南通	20620	22583	24680	26921	29316	31875	34955	38270	41836	45674	49803	小
泰州	8117	8279	8445	8615	8788	8965	9319	9680	10047	10422	10804	大
扬州	19563	21035	22602	24272	26052	27947	30328	32888	35638	38594	41770	小
杭州	60743	61474	62222	62987	63769	64568	65809	67084	68393	69738	71119	小
宁波	47874	48419	48975	49544	50124	50716	51645	52598	53576	54578	55606	小
绍兴	12388	12832	13288	13756	14235	14726	15428	16152	16898	17666	18458	大
湖州	8919	9115	9317	9522	9732	9946	10337	10737	11146	11564	11991	大
嘉兴	11931	12211	12498	12791	13091	13397	13933	14484	15049	15628	16221	大
台州	13531	13392	13257	13124	12993	12866	12923	12982	13040	13098	13157	小
舟山	4347	4451	4557	4665	4775	4888	5122	5361	5605	5853	6107	大
长三角	817768	829646	842059	855030	868586	882753	902990	924211	946474	969840	994373	近似

情境 4 下的长江三角洲城市群各城市供水总量预测

表 3-33

城市	2013 年	2014 年	2015 年	2016 年	2017 年	2018 年	2019 年	2020 年	2021 年	2022 年	2023 年	预测与实际的差距
上海	297249	298707	299790	300894	302020	303168	304337	305528	306742	307978	309236	大
南京	126230	126853	127187	127527	127875	128229	128590	128958	129331	129711	130097	大
无锡	45010	46768	48471	50257	52132	54098	56160	58324	60592	62971	65466	小
常州	26201	27351	28394	29481	30612	31790	33016	34293	35622	37005	38444	小
苏州	99215	101282	103262	105333	107499	109765	112135	114612	117202	119910	122741	小
镇江	15830	16245	16467	16694	16926	17163	17405	17651	17903	18159	18419	小
南通	20620	22990	25087	27328	29723	32282	35016	37938	41061	44397	47963	小
泰州	8117	8503	8669	8839	9012	9188	9369	9552	9739	9929	10122	大
扬州	19563	21289	22856	24527	26306	28201	30220	32371	34661	37100	39698	小
杭州	60743	61801	62549	63314	64096	64896	65712	66546	67398	68268	69157	小
宁波	47874	48419	48975	49544	50124	50716	51321	51937	52566	53208	53862	小
绍兴	12388	12926	13382	13849	14329	14820	15324	15840	16368	16910	17465	大
湖州	8919	9191	9393	9598	9808	10022	10240	10462	10688	10919	11153	大
嘉兴	11931	12332	12619	12912	13211	13517	13830	14149	14474	14806	15144	大
台州	13531	13470	13335	13202	13071	12944	12818	12695	12573	12454	12336	小
舟山	4347	4404	4510	4618	4729	4841	4956	5072	5191	5311	5434	大
长三角	817768	832533	844946	857917	871473	885640	900448	915928	932113	949037	966737	近似

情境4：由于人均可支配收入对供水量有一定的约束作用，随着人均可支配收入持续增加，供水总量增长受到一定的抑制，城市群整体的供水总量到了2023年为966 737万吨，较情境3低。

2. 各情境供水总量预测比较

图3-19和图3-20为各个情境自2005～2023年的供水总量预测趋势，由于城镇化进程持续推进，各个情境的供水总量均呈上升趋势。

情境1与情境3（两线段重合）由于受到经济下滑影响，2019～2023年人均可支配收入保持不变，因此人均可支配收入增长对供水总量约束的作用较小，供水总量自2019年开始加快增长。

情境2与情境4则受惠于人均可支配收入持续增长的影响，供水总量较低。

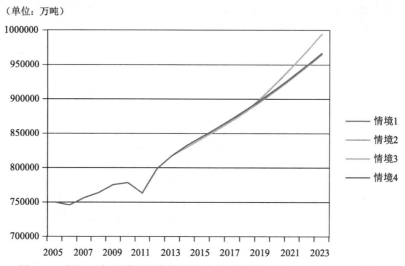

图3-19　长江三角洲城市群各情境供水总量预测比较（2005～2023年）

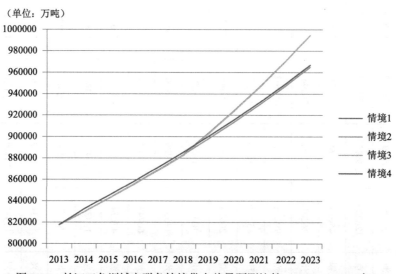

图3-20　长江三角洲城市群各情境供水总量预测比较（2013～2023年）

三、珠江三角洲城市群用水状况评价

(一)珠江三角洲城市群概况

珠江三角洲城市群是 1978 年改革开放以来最早发展起来的城市群,是当前中国最重要、最具发展活力、最有发展潜质的经济区之一,是中国三大城市群中经济最有活力、城镇化率最高的地区,也是亚太乃至全球经济增长最快、现代制造业竞争力较强的地区之一。珠江三角洲城市群各城市同属一个省管辖,在资源整合协调上明显优于长江三角洲城市群和京津冀城市群,后二者由三省市管辖,整合协调相对较难。珠江三角洲城市群以广州为中心,深圳、佛山、珠海为副中心,囊括了东莞、惠州、肇庆、中山和江门,共 9 个城市。珠江三角洲城市群属于亚热带季风气候,主要水系包括东江水系、西江、北江和珠江三角洲诸河水系。总体上,珠江三角洲城市群水资源属于相对丰沛地区。

(二)珠江三角洲城市群 2005 ~ 2012 年期间用水状况比较

本书对珠江三角洲城市群 2005 ~ 2012 年期间各城市供水相关指标的绝对值进行横向比较,期望得到一些该城市群用水状况的直观结论。

1. 城市供水能力分析

表 3-34 显示珠江三角洲城市群各城市供水总量。2005 ~ 2012 年期间,珠江三角洲城市群 9 个城市中,城市供水总量略微减少的城市仅有江门,其他城市供水总量均呈现增长态势。2012 年相对于 2005 年,中山、肇庆、惠州和珠海 4 个城市的供水总量增加幅度均超过40%。从图 3-21 可知,该地区供水总量排名前三位的城市是广州、深圳和东莞,其城市供水总量占整个城市群供水总量的 80%,显示出这三个城市在珠江三角洲城市群的绝对地位。广州城市供水总量最大,年均接近 20 亿吨,深圳和东莞两市都接近 15 亿吨左右。肇庆和中山的供水量都偏小。

珠江三角洲城市群 2005 ~ 2012 年各城市供水总量(单位:万吨/年)　　　　表 3-34

城市＼年份	2005 年	2006 年	2007 年	2008 年	2009 年	2010 年	2011 年	2012 年
广州	179266	358176	178808.63	182714.5	184751.5	190806	191019.1	191432
深圳	139487	145400	156104.73	161391.7	150091.1	156470	161480	160361
珠海	23868	27215	30331	31652	30518	26497	28216	33829
佛山	49031	90334	67703.37	37584.92	43051.61	42761	47843.59	56894.77
惠州	17024	20337	18596.25	19863.9	19342.89	23735	23493.82	24948.96
东莞	146000	165204	174180.8	177299.9	160781.5	165607	173011.8	161155.1
中山	8684	8660	11592.2	11495.8	13118.6	13725	12580	14107
江门	22780	25417	24720	27580.01	22967.94	18367	18025.57	19770.28
肇庆	7957	9235	9941	10269.34	10331.11	10507	11573.97	11496.38

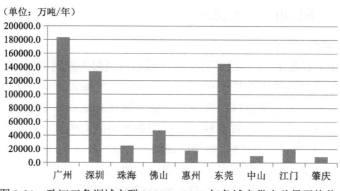

（单位：万吨/年）

图 3-21　珠江三角洲城市群 2005 ～ 2012 年各城市供水总量平均值

公共供水总量与城市自来水设施投资与建设总量和完善度相关。珠江三角洲地区属于经济发达地区，包含供水设施在内的基础设施投资和建设状况整体好于其他城市群。从表 3-35 可以看出，该城市群的 9 个城市除个别年份和个别城市，2005 年起各城市的公共供水量占城市供水总量之比接近 100%。这说明该城市群的自来水设施投资与建设力度很大。由图 3-22 可知，从平均值上看，2005 ～ 2012 年期间，各城市公共供水占城市供水总量比重达到 100% 的城市有深圳和珠海，排名在后三位的城市分别是广州、江门和肇庆，占比分别是 88%、88% 和 92%。图 3-23 显示，2008 年以后珠江三角洲城市群城市供水和公共供水增长率几乎重合，显示该城市群供水设施已经非常完备。

珠江三角洲城市群 2005 ～ 2012 年各城市公共供水占城市供水比重（单位：%）　表 3-35

年份 城市	2005 年	2006 年	2007 年	2008 年	2009 年	2010 年	2011 年	2012 年
广州	96	48	100	100	100	100	100	100
深圳	100	100	100	100	100	100	100	100
珠海	100	100	100	100	100	100	100	100
佛山	100	71	100	100	100	99	100	98
惠州	97	87	100	100	100	100	100	100
东莞	90	100	100	100	100	100	100	100
中山	100	100	100	74	100	100	100	100
江门	79	80	86	79	96	86	100	100
肇庆	93	88	89	89	90	91	95	96

在日综合生产能力方面，从表 3-36 显示，2012 年相比于 2005 年，珠江三角洲城市群各城市自来水生产能力，除佛山、江门、中山和肇庆外，其他四个城市均有不同程度的提升，其中惠州和东莞两个城市增长相对较大。2005 年至 2012 年期间，中山市的日综合生产能力有较大起伏。以 2012 年日综合生产能力绝对值来看，广州、东莞和深圳三个城市位于整个城市群的前三位，其每日鲜水生产能力是其他城市的几倍甚至几十倍。

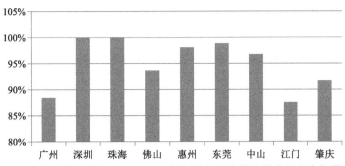

图 3-22 珠江三角洲城市群 2005 ~ 2012 年各城市平均公共供水量占全部供水量比重

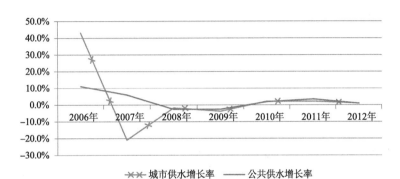

图 3-23 珠江三角洲城市群 2006 ~ 2012 年城市供水和公共供水量增长率

珠江三角洲城市群 2005 ~ 2012 年各城市供水日综合生产能力（单位：万吨／日） 表 3-36

年份 城市	2005 年	2006 年	2007 年	2008 年	2009 年	2010 年	2011 年	2012 年
广州	694	641.5	668.74	666	684.3	684.3	703.7	702.7
深圳	534	590.5	623.62	632.5	669.3	692.5	692	692
珠海	80	81.7	82.56	99.54	107.44	107.4	102.4	102.54
佛山	296	378	263	275	272	294	237	288
江门	95	113.7	113.72	113.72	98.3	87.7	84.3	88.6
惠州	53.5	80.5	79	118	113	134	115	115
东莞	480	607	638	427.66	700	700	759.53	728.6
中山	70	70	90	90	100	100	22	20
肇庆	39	44.2	44.7	47.75	52.45	50.5	51	50.65

在城市供水管网方面，表 3-37 显示 2005 ~ 2012 年期间，除深圳外，广州、珠海等 8 个城市的供水管网长度均有不同程度增长，其中，东莞市的增长幅度是 9 个城市中最大的，显示出东莞城市扩张进程和人口集聚的进程。深圳供水管网长度减少，可能与城市更新和提高供水管网使用效率有关。从供水管网长度绝对值来看，2012 年供水管网长度达到 1 万

公里级别的城市是广州和东莞。图 3-24 是珠江三角洲城市群 2005 ～ 2012 年期间各城市供水管网长度平均增长率，东莞增长率超过 350%，深圳市为负增长率。

珠江三角洲城市群 2005 ～ 2012 年各城市供水管网长度（单位：公里）　　　表 3-37

年份 城市	2005 年	2006 年	2007 年	2008 年	2009 年	2010 年	2011 年	2012 年
广州	12064	12495	13750	16221	16471	15942	16715	16739
深圳	6512	11126	15170.62	16873.18	19800.98	14481	14874	5351
珠海	1643	2347	2481	2613	2679	2745	2825	2899
佛山	2934	5801	4547.11	4883	4305.34	4396	4616.96	4412.17
惠州	1184	1252	1252	1237	1328	1450	1646.7	1700.65
东莞	3580	7064	9257.52	9994.47	13891	16268	18659	17542.81
中山	687	716	1034	1057	1306	1345	1363	1632
江门	901	1275	1389	1748	1863	1925	1998.73	1970.83
肇庆	774	957	918	1119	1188	1379	1498	1633.36

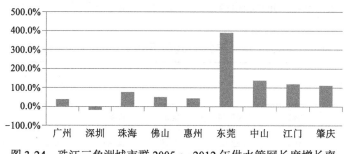

图 3-24　珠江三角洲城市群 2005 ～ 2012 年供水管网长度增长率

2. 人均日生活用水量

由表 3-38 可知，2005 ～ 2012 年期间珠江三角城市群 9 个城市中，广州、深圳、佛山、江门、惠州、中山和肇庆 7 个城市的人均日生活用水量逐渐减少，而珠海和东莞这 2 个城市的人均用水量不稳定，总体呈现增长状况。由图 3-25 可知，珠江三角洲城市群人均日生活用水量位于前三位的城市是广州、佛山和珠海，平均每人每天用水 300 升，明显高于京津冀和长江三角洲城市群。

珠江三角洲城市群 2005 ～ 2012 年各城市人均日生活用水量（单位：升 / 日）　　　表 3-38

年份 城市	2005 年	2006 年	2007 年	2008 年	2009 年	2010 年	2011 年	2012 年
广州	567.55	456.88	280.43	336.94	349.47	366.41	298.69	313.57
深圳	264.75	207.08	259.66	274.49	231.82	216.4	224.08	226

续表

年份 城市	2005 年	2006 年	2007 年	2008 年	2009 年	2010 年	2011 年	2012 年
珠海	289.44	292.22	400.88	401.94	291.08	189.35	248.99	320
佛山	413.08	412.94	310.68	243.08	339.7	332.33	355	327
江门	302.98	317.36	230.48	208.76	215.26	220.48	200.86	221
惠州	253.59	226.66	205.79	221.35	218.85	229.83	231.67	237.11
东莞	1058.5	229.41	209.24	217.3	251.8	221.35	214.66	245.93
中山	687.92	194.22	220.4	211.09	174.37	402.68	279.93	240
肇庆	334.53	301.59	263.95	266.65	276.68	273.47	273.42	276.17

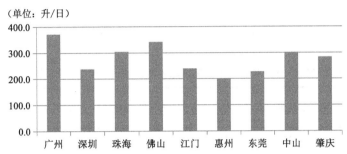

图 3-25　珠江三角洲城市群 2005～2012 年各城市人均日生活用水量平均值

3. 城市供水结构

根据表 3-39 数据，珠江三角洲城市群的生产经营用水占全部城市供水总量比重，除广州外，其他城市都超过 30% 或接近 30%，可以看出该城市群制造业比较发达。2012 年相较于 2005 年，广州等 6 个城市生产经营用水比重减少，中山市增加了 20%。同期，对于公共服务和居民家庭用水之和占全部供水量比重，除江门外，其他城市呈现递减趋势。以2012 年数据来看，除东莞市低于 40% 外，其他城市均高于 40%，说明这些城市因第三产业、教育、医疗、办公和居民家庭用水量很大。

表 3-39 数据显示，2012 年相较于 2005 年，珠江三角洲城市群除惠州和中山两个城市漏损水量有减少趋势外，其他城市保持稳定甚至是增加，表明该城市群需要加强供水管网的维修和监测，降低漏损水量的占比。

珠江三角洲城市群 2005～2012 年各城市各类供水量占全部供水量的比重（单位: %）　表 3-39

城市	生产经营用水占比			公共服务和居民家庭用水占比			漏损水量占比		
	2005 年	2012 年	二者之差	2005 年	2012 年	二者之差	2005 年	2012 年	二者之差
广州	29	15	−14	70.1	60.5	−9.6	6.9	13.7	6.8
深圳	34	30	−4	57.3	54.4	−3.0	12.0	12.7	0.7

续表

城市	生产经营用水占比			公共服务和居民家庭用水占比			漏损水量占比		
	2005 年	2012 年	二者之差	2005 年	2012 年	二者之差	2005 年	2012 年	二者之差
珠海	36	37	1	59.0	46.1	-12.9	14.5	16.1	1.5
佛山	37	27	-11	44.7	44.4	-0.3	5.3	9.9	4.6
惠州	35	36	1	50.3	49.2	-1.1	17.5	11.7	-5.8
东莞	40	33	-7	43.5	32.6	-10.8	9.6	17.5	8.0
中山	23	43	20	75.7	47.3	-28.4	11.9	7.8	-4.1
江门	50	29	-20	42.1	46.3	4.2	10.3	11.1	0.8
肇庆	35	33	-2	63.9	45.9	-18.0	11.4	17.6	6.2

4. 城市供水价格

由表 3-40 和图 3-26 可以看出，2005 ～ 2012 年期间，珠江三角洲城市群各城市居民家庭生活自来水价格均不同程度有所提高。2012 年居民家庭生活自来水价格最高的城市是深圳市，其他城市的自来水价格普遍偏低。

珠江三角洲城市群 2005 ～ 2012 年各城市居民家庭生活自来水价格（单位：元 / 立方米） 表 3-40

年份 城市	2005 年	2006 年	2007 年	2008 年	2009 年	2010 年	2011 年	2012 年
广州	1.32	1.32	1.32	1.32	1.32	1.23	1.32	1.32
深圳	1.9	1.9	1.9	1.9	1.9	1.9	2.3	2.3
珠海	1.5	1.5	1.5	1.5	1.5	1.5	1.5	1.5
佛山	0.95	0.95	0.95	0.95	1.3	1.3	1.3	1.3
惠州	1	1	1	1	1	1.25	1.5	1.5
东莞	1.2	1.2	1.2	1.2	1.2	1.2	1.2	1.2
中山	1.38	1.38	1.38	1.38	1.38	1.38	1.38	1.6
江门	1.15	1.15	1.15	1.15	1.15	1.15	1.34	1.34
肇庆	1.1	1.1	1.1	1.1	1.1	1.1	1.1	1.3

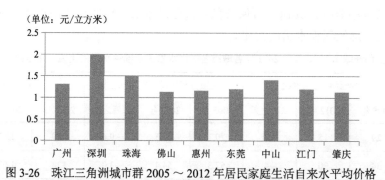

图 3-26 珠江三角洲城市群 2005 ～ 2012 年居民家庭生活自来水平均价格

（三）珠江三角洲城市群各城市用水特征评价与结果分析

1. 各数据的平均数和方差分析

本节对珠江三角洲城市群各城市的人均可支配收入、第三产业总值、人均日生活用水量和供水总量等指标进行描述性统计，计算了2005～2012年期间数据的平均数和方差，见表3-41和表3-42。

分析结果表明，珠江三角洲城市群集中发展广州、深圳、东莞三大城市的态势明显，次要发展城市为珠海。原先家庭人口较多而近年快速朝向小家庭化发展的城市是东莞、珠海、深圳。供水基础设施建设以东莞、深圳、广州变动幅度最大；其次是佛山、江门、珠海。人均日生活用水量变动较大，人均日生活用水量大幅变动可能造成生活用水量大幅变动，进而影响供水总量；人均日生活用水量大幅变动的城市，包括核心城市，如广州，也包括快速城镇化的城市，如中山市和东莞市。自来水价格变动与人均日生活用水量变动较大的城市较为不同，说明水价可能有助稳定人均日生活用水量变动。气温与降雨量变动不存在一定的依存关系。

2. 城际变化趋势分析

由图3-27观察发现，各变量在城际之间的变化趋势可分为六大类型。第一类是广州、深圳、东莞大规模领先的变量，包括建成区面积、供水管长度、综合生产能力、供水总量。第二类是深圳小规模领先的变量，即水价。第三类是东莞小规模落后的变量，即水价与人均可支配收入比。第四类是各城市间差异性小的变量，包括户均人口、人均可支配收入、气温、雨量。第五类是各城市间差异性大的变量，包括常住人口、人均日生活用水量、第三产业生产总值。这五类变量反映出珠江三角城市群存在三个方面的用水特征。

第一，以广州、深圳、东莞为经济发展与供水基础设施建设的核心。珠江三角洲城市群在经济发展上呈现两极化发展，广州、深圳、东莞遥遥领先其他城市；然而随着珠海、中山的快速发展，在供水基础设施建设的规模上，呈现出珠海、东莞、中山大规模领先。珠江三角城市群的两极化正在慢慢改变，除了广州、深圳、东莞之外，中山、珠海的城市供水行业发展迅速。但是广州、深圳、东莞仍应致力扮演好区域内供水技术发展的角色。

第二，城际间人均日生活用水量虽然具有差异，但是差异并不是很大。珠江三角城市群各城市的人均日生活用水量较为相似，且高于京津冀城市群和长江三角洲城市群的人均日生活用水量。为了降低整个城市群的用水总量，应通过价格和技术措施共同降低各城市的人均日生活用水量。

2005～2012年期间各变量变化较大的前三位城市　　　　　　　　表3-41

变量	城市	变量	城市
人均可支配收入	广州、东莞、深圳	第三产业总值	广州、深圳、江门
城市建城区面积	东莞、广州、深圳	户均人数	东莞、珠海、深圳
常住人口	深圳、东莞、佛山	降雨量	深圳、江门、东莞
气温	惠州、中山、佛山	居民用水价格	惠州、肇庆、佛山
人均日生活用水量	广州、深圳、佛山	供水总量	广州、佛山、深圳
供水管道长度	深圳、广州、佛山	综合生产能力	深圳、佛山、东莞

珠江三角洲城市群各城市用水各变量描述统计

表 3-42

城市		人均日生活用水量（单位：日/升）	供水总量（单位：万吨）	居民用水水价（单位：元/立方米）	水价人均可支配收入比（单位：元）	综合生产能力（单位：万立方米/日）	供水管道长度（单位：公里）	气温（单位：摄氏度）	降雨量（单位：毫米）
深圳	平均	238.04	153848.19	2.00	0.000071	640.80	13023.60	23.08	1861.33
	方差	616.40	65894676.71	0.03	0.00000000014	3289.77	25111492.39	0.08	173926.68
珠海	平均	304.24	29015.75	1.50	0.000065	94.43	2529.00	22.86	1981.63
	方差	5131.71	10118508.50	0.00	0.00000000017	156.38	160164.57	0.14	245475.21
佛山	平均	341.73	54400.53	1.13	0.000047	286.71	4486.95	23.81	1724.35
	方差	3049.02	299038249.93	0.04	0.000000000036	1962.57	623229.24	0.22	122317.75
江门	平均	239.65	22453.48	1.20	0.000065	99.38	1633.82	22.71	2066.14
	方差	1986.09	12011060.85	0.01	0.00000000027	159.53	160399.31	0.15	205011.65
中山	平均	29461.04	4436548.51	1.41	0.000062	1057.64	109204.86	22.65	1835.36
	方差	301.33	11745.33	0.01	0.00000000012	70.25	1142.50	0.27	62552.64
广州	平均	371.24	207121.72	1.31	0.000051	680.66	15049.63	22.33	1901.08
	方差	9197.34	3751824162.80	0.001	0.00000000019	444.51	3849330.27	0.151	124073.19
东莞	平均	86626.15	98920125.23	1.20	0.000039	14874.30	29093189.79	22.55	1993.94
	方差	331.02	165405.02	0.00	0.000000000072	616.03	12032.10	0.08	185462.50
惠州	平均	214.16	7900342.00	1.4	0.000068	724.93	39024.13	22.59	1720.66
	方差	226.82	20917.73	0.440	0.00000000047	101.00	1381.29	0.29	24621.03
肇庆	平均	283.31	10163.85	1.20	0.000083	47.53	1183.30	21.71	1637.39
	方差	557.08	1386220.28	0.05	0.00000000027	20.96	90452.49	0.14	80308.66

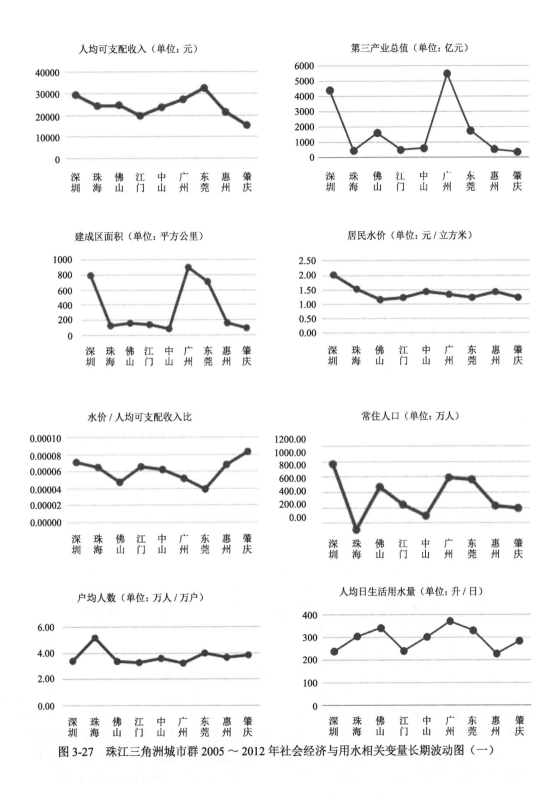

图 3-27　珠江三角洲城市群 2005 ～ 2012 年社会经济与用水相关变量长期波动图（一）

供水总量（单位：万吨）

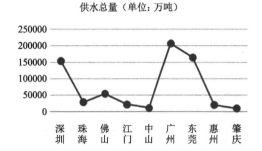

综合生产能力（单位：万立方米/日）

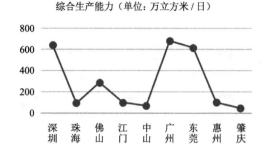

供水管网长度（单位：公里）

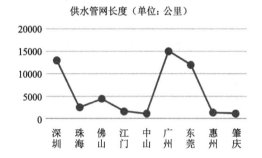

气温（单位：摄氏度）

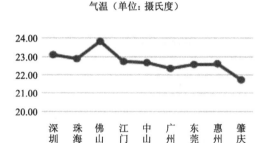

降雨量（单位：毫米）

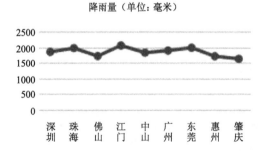

图 3-27 珠江三角洲城市群 2005～2012 年社会经济与用水相关变量长期波动图（二）

第三，自来水价格未考虑当地人均可支配收入。自来水价格与人均可支配收入比，在一定程度上反映了水价对用水量的调节能力。在珠江三角洲城市群中，城际之间的水价与人均可支配收入比差异较大，东莞低于其他城市，水价仍有上调空间，这也说明城市群内的水价定价较不合理，未考虑人均可支配收入。

3. 珠江三角洲城市群用水特征分析

在对社会经济和供水相关数据进行描述性统计分析和数据检验的基础上，利用第二章构建的两个用水需求预测模型，分析珠江三角洲城市群各城市用水特征。东莞的人均日生活用水量在 2005 年有较大幅度的变化、中山市的人均日生活用水量在 2005 年、2010 年有较大幅度的变化，影响模型的稳定性，因此在分析时删除东莞市与中山市。表 3-43 是面板模型分析结果。结果显示，在原始模型设定下，模型Ⅱ没有变量显著，模型Ⅰ仅气温显著，其他社会经济变量均不显著，而气温虽然影响显著，然而在珠三角区域内各城市温度差异小，温度均较高，因此气温的显著影响更多是说明供水总量的区位特征，而非因气温凉爽导致用水减少，基于此，本节进一步调整模型。

珠江三角洲城市群用水特征面板模型Ⅰ-Ⅱ分析结果　　　　　　表 3-43

变量	模型Ⅰ	模型Ⅰ调整	模型Ⅱ	模型Ⅱ调整
	系数（p 值）		系数（p 值）	
城市建成区面积	0.16 (0.38)	0.54 (0.00)		
人均可支配收入	-0.14 (0.59)	-0.27 (0.27)	-0.17 (0.54)	-0.17 (0.53)
常住人口	0.10 (0.73)	0.47 (0.01)		
水价／人均可支配收入	-2032.46 (0.47)	-3430.82 (0.22)	3428.57 (0.11)	3563.83 (0.08)
气温	2.81 (0.09)		0.85 (0.54)	
雨量	0.09 (0.47)		0.14 (0.20)	
第三产业总值			-0.04 (0.74)	-0.08 (0.58)
户均人口			0.38 (0.21)	0.33 (0.27)
R-squared within	0.09		0.32	
R-squared between	0.88		0.14	

　　模型调整方式，首先，基于气温及雨量在区域内各城市同构性较高，将其删去；其次，考虑到东莞及中山市供水总量与常住人口、建成区面积的波动趋势较为一致，应可忽略因人均日生活用水量数据偏误所可能带来的影响，因此在分析时调整后模型Ⅰ保留了东莞市及中山市。

　　调整后模型计算结果解释如下：（1）模型Ⅰ说明珠江三角洲城市群的供水总量主要受到城市建成区面积扩张以及常住人口增长的影响，随着人口不断迁入，城市不断扩张，供水需求越来越大，城镇化下的节水行为可能还没出现。（2）模型Ⅱ也呼应了前述推论，人均可支配收入、户均人口对人均日生活用水量均不存在显著影响，反而随着水价／人均可支配收入差距越大，人均日生活用水量越高，如中山、广州、惠州、肇庆等市。（3）珠江三角洲城市群城镇化程度高，城镇化时间长，但是城镇化未带来用水节约，可能与本区域水资源丰沛有关。

　　综上所述，珠江三角洲城市群用水方面存在的总体特征为：城镇化推动用水节约的情况在本城市群不明显，人均日生活用水量在水价约束力不足的情况下，人均可支配收入对其影响不显著，存在用水粗放的状况，这也导致珠江三角洲城市群内各城市的供水总量需求是随着城市扩张以及人口迁入而增长。可以预期，在城镇化不断推进下，供水总量会持续增大。实际上，此城市群人均日生活用水量偏高[①]，相对其他城市群而言更为明显。而供水基础设施建设也持续满足增加的人均日生活用水量需求。

（四）珠江三角洲城市群未来供水总量预测

采用模型Ⅰ关于城市社会经济变化对供水量影响的面板回归分析结果为依据进行预测。同样的，各个自变量的未来变动，依其过去路径规律以及当前社会经济环境，设定可能发生的社会经济情境，预测在各情境发生的条件下城市群未来的供水总量变化。而未来各类突发社会经济变动，不在本节情境设置的考虑范围内。

1. 供水总量预测和情境设置

模型Ⅰ通过面板回归分析后的各变量系数简约式如下所示：

$$\ln tw = 7.84 + 0.54\ln uca - 0.28\ln di + 0.47\ln pop - 3430.82wpdi$$

其中 tw 为供水总量、uca 为城市建成区面积、di 为人均可支配收入、pop 为常住人口、$wpdi$ 为水价/人均可支配收入。

依路径规律以及社会经济环境变迁，针对供水总量模型的自变量设定了不同的条件和四种情境。变量条件和情境见表3-12和表3-13。

2. 供水总量预测

情境1：各城市的偏差大小见表中最右列。由于该偏差在城市之间会相互抵消，故针对城市群整体的预测则偏差较小。表3-44显示，珠海、江门、肇庆的预测结果会偏差较大。模型Ⅰ拟合结果显示，珠江三角洲城市群人均可支配收入对供水量有一定的约束作用，人均可支配收入增长，供水总量愈低（统计上系数不显著），另一方面，水价与供水总量之间的协调关系明显（统计上系数不显著），水价/人均可支配收入愈大，供水总量愈低。然而，城市建成区面积与常住人口显著正向影响供水总量，因此，城市群整体的供水总量呈现向上增长的趋势，城市群整体的供水总量到了2023年将达到796 322万吨。

情境2：随着人均可支配收入持续增加，城市群整体的供水总量较情境1下降，到了2023年为757 414万吨。

情境3：2005年到2012年水价与供水总量之间的协调关系明显，在趋势不变的情况下，城市群整体的供水总量受到一定约束，因此，城市群整体的供水总量较情境1下降，到了2023年为792 577万吨。

情境4：由于人均可支配收入、水价/人均可支配收入比值对供水量有一定的约束作用，随着人均可支配收入及水价持续增加，供水总量增长受到一定的抑制，城市群整体的供水总量到了2023年为746 684万吨，为各情境中最低。

[①] 珠江三角洲城市群各城市的人均日生活用水量偏高的原因，也可能存在因为人口统计数据不准确，没有将非户籍人口计算在用水人口总量中，造成用水人口数量统计偏小，使得人均日生活用水量偏高。

表 3-44

情境 1 下的珠江三角洲城市群各城市供水总量预测

城市	2013 年	2014 年	2015 年	2016 年	2017 年	2018 年	2019 年	2020 年	2021 年	2022 年	2023 年	预测与实际的差距
深圳	162373	164099	165721	167243	168669	170004	172415	174875	177384	179944	182555	小
珠海	38291	38357	38403	38432	38443	38440	38656	38874	39096	39322	39550	大
佛山	65658	65768	65843	65886	65898	65881	66446	67018	67598	68186	68782	小
江门	20543	22114	23685	25258	26832	28411	30781	33282	35919	38700	41633	大
中山	14375	13353	12407	11531	10720	9971	9304	8688	8117	7589	7100	小
广州	191746	192986	194161	195275	196329	197327	199935	202596	205313	208086	210916	小
东莞	159236	152767	146869	141493	136595	132134	128468	125106	122022	119195	116601	小
惠州	25595	27745	29970	32274	34659	37128	40432	43947	47685	51661	55890	小
肇庆	12042	15658	19608	23919	28622	33753	40039	47048	54864	63578	73296	大
珠三角	689858	692848	696668	701309	706767	713049	726476	741434	757998	776259	796322	近似

情境 2 下的珠江三角洲城市群各城市供水总量预测

表 3-45

城市	2013 年	2014 年	2015 年	2016 年	2017 年	2018 年	2019 年	2020 年	2021 年	2022 年	2023 年	预测与实际的差距
深圳	162373	164099	165721	167243	168669	170004	171251	172416	173502	174514	175456	小
珠海	38291	38357	38403	38432	38443	38440	38423	38393	38352	38301	38240	大
佛山	65658	65768	65843	65886	65898	65881	65839	65773	65684	65576	65449	小
江门	20543	22114	23685	25258	26832	28411	29995	31587	33188	34800	36425	大
中山	14375	13353	12407	11531	10720	9971	9277	8635	8042	7494	6988	小
广州	191746	192986	194161	195275	196329	197327	198273	199168	200016	200819	201581	小
东莞	159236	152767	146869	141493	136595	132134	128073	124377	121014	117956	115175	小
惠州	25595	27745	29970	32274	34659	37128	39686	42336	45082	47928	50878	小
肇庆	12042	15658	19608	23919	28622	33753	39347	45445	52091	59333	67224	大
珠三角	689858	692848	696668	701309	706767	713049	720164	728130	736972	746721	757414	近似

情境 3 下的珠江三角洲城市群各城市供水总量预测

表 3-46

城市	2013 年	2014 年	2015 年	2016 年	2017 年	2018 年	2019 年	2020 年	2021 年	2022 年	2023 年	预测与实际的差距
深圳	162373	163252	164069	164826	165528	166177	168792	171459	174181	176957	179789	小
珠海	38291	38296	38287	38263	38227	38180	38402	38628	38856	39088	39324	大
佛山	65658	65697	65705	65685	65639	65568	66142	66723	67312	67909	68514	小
江门	20543	22042	23543	25047	26557	28074	30494	33047	35739	38578	41572	大
中山	14375	13254	12220	11265	10384	9571	8866	8214	7610	7051	6533	小
广州	191746	192821	193839	194803	195715	196580	199230	201936	204697	207515	210392	小
东莞	159236	152675	146697	141251	136294	131781	128088	124701	121595	118746	116133	小
惠州	25595	27731	29943	32232	34604	37060	40393	43939	47711	51723	55990	小
肇庆	12042	15679	19648	23977	28697	33842	40278	47455	55457	64379	74328	大
珠三角	689858	691448	693949	697350	701644	706833	720686	736101	753157	771947	792577	近似

表 3-47

情境 4 下的珠江三角洲城市群各城市供水总量预测

城市	2013 年	2014 年	2015 年	2016 年	2017 年	2018 年	2019 年	2020 年	2021 年	2022 年	2023 年	预测与实际的差距
深圳	162373	163252	164069	164826	165528	166177	166776	167329	167838	168307	168738	小
珠海	38291	38296	38287	38263	38227	38180	38122	38055	37980	37897	37808	大
佛山	65658	65697	65705	65685	65639	65568	65476	65363	65231	65082	64918	小
江门	20543	22042	23543	25047	26557	28074	29600	31136	32684	34246	35825	大
中山	14375	13254	12220	11265	10384	9571	8821	8129	7491	6903	6361	小
广州	191746	192821	193839	194803	195715	196580	197399	198175	198910	199607	200268	小
东莞	159236	152675	146697	141251	136294	131781	127675	123940	120544	117457	114651	小
惠州	25595	27731	29943	32232	34604	37060	39604	42240	44973	47806	50743	小
肇庆	12042	15679	19648	23977	28697	33842	39451	45562	52220	59473	67373	大
珠三角	689858	691448	693949	697350	701644	706833	712923	719929	727871	736778	746684	近似

3. 各情境供水总量预测比较

图 3-28 和图 3-29 为各个情境自 2005 年到 2023 年的供水总量预测趋势，由于城市化进程持续推进，各个情境的供水总量均呈上升趋势。

情境 1 与情境 3 由于受到经济下滑影响，2019 ～ 2023 年人均可支配收入保持不变，因此人均可支配收入增长对供水总量约束的作用较小，供水总量自 2019 年开始加快增长。

情境 4 则受惠于人均可支配收入持续增长的影响，以水价／人均可支配收入比值对供水量有一定的约束作用，因此供水总量最低。

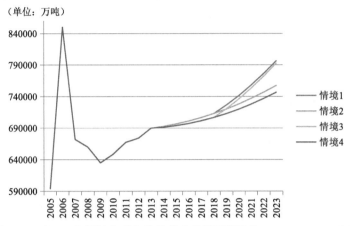

图 3-28　珠江三角洲城市群各情境供水总量预测比较（2005 ～ 2023 年）

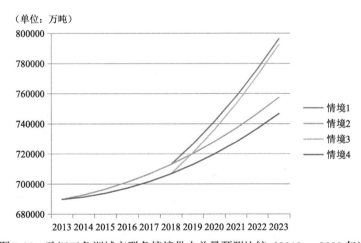

图 3-29　珠江三角洲城市群各情境供水总量预测比较（2013 ～ 2023 年）

第四章　新兴城市群用水状况与特征评价

城市群的发展是城市集聚、形成城市梯度的一个缓慢过程。根据2014年发布的《国家新型城镇化规划（2014～2020年）》提出培育发展中西部地区城市群，并将其作为国家优化产业结构、加快产业集群发展和人口集聚的重要区域。本书将长株潭、成渝、哈长和武汉城市圈四大城市群作为用水特征研究的重点城市群。

一、长株潭城市群用水状况评价

（一）长株潭城市群概况

根据湖南省人民政府2014年发布的《长株潭城市群区域规划（2008～2020年）》规划，长株潭城市群位于京广经济带、泛珠三角洲经济区、长江经济带的结合部。2007年，长株潭城市群被国家确定为"全国资源节约型"和"环境友好型"社会建设综合配套改革试验区，是国家实施"中部崛起"的重要举措。

长株潭城市群是湖南省经济发展与城市化的核心地区，以长沙、株洲、湘潭三市为依托，辐射周边岳阳、常德、益阳、衡阳、娄底五市的区域，总面积9.68万平方公里，人口4077万，分别占湖南省的45.7%和61%。城市群实现GDP19 656.81亿元，占全省的76.9%。其中，作为城市群核心的长株潭三市，沿湘江呈品字形分布，两两相距不足40公里。长株潭三市分别是湖南省第一、第二、第五大的城市（按湖南省统计年鉴2011版统计）。土地总面积2.8万平方公里，占全省13.3%，户籍总人口1396万，占湖南省总人口20.9%。

长株潭地区降水量较为丰富、水系较发达，湘江及其支流呈树枝状分布，但人均水资源量较低。长株潭地区多年降水量平均为1414.4毫米，略低于全省平均水平1450毫米。长株潭城市群的水系属于湘江水系，湘江总长856公里，流域面积94815平方公里（表4-1）。长株潭城市群天然来水量比较丰富。长株潭三市多年平均水资源总量为236.15亿立方米，其中地表水资源量236.15亿立方米，地下水资源量53.54亿立方米（为地表水资源量的重复计算）。由于人口稠密，2006年长株潭三市人均水资源量为2082立方米，低于全省人均水资源量2512立方米的水平，也低于全国2200立方米的平均水平。三城市之间人均水资源量差异较大，位于上游的株洲人均水资源量达到3269立方米，湘潭和长沙分别为1578立方米、1600立方米，长株潭核心区域仅为849立方米。

长株潭城市群多年平均水资源状况　　　　　　　　　　表4-1

区域	降雨量 （单位：毫米）	地表水资源 （单位：亿立方米）	地下水资源 （单位：亿立方米）	水资源总量 （单位：亿立方米）
长沙	1507.2	96.19	21.04	96.19
株洲	1509.5	102.3	24.22	102.3

续表

区域	降雨量 （单位：毫米）	地表水资源 （单位：亿立方米）	地下水资源 （单位：亿立方米）	水资源总量 （单位：亿立方米）
湘潭	1364.8	37.66	8.28	37.66
长株潭	1482.7	236.15	53.54	236.15
核心区	1414.4	35.21	8.18	35.12
全省	1450.0	1682.0	391.5	1689

长株潭三市的供水主要是依赖于地表水且95％以上取自于湘江，近10年各年份的总供水量变化不大，湘江水量的多少、水质的好坏对长株潭地区的人民生活、工业发展的影响很大。

（二）长株潭城市群2005～2012年期间用水状况比较

本节对长株潭城市群2005～2012年期间各个城市供水相关指标的绝对值进行横向比较，期望得到一些该城市群用水状况的直观结论。

1.城市供水能力分析

城市供水总量反映了城市社会经济发展和家庭居民对供水的需求状况。从表4-2可以看出，2005～2012年期间，长株潭城市群8个城市中长沙、益阳、常德和娄底4个城市的供水总量呈现增长趋势，株洲、湘潭、岳阳、衡阳4个城市供水总量呈现减少趋势。显然，长株潭城市群8个城市供水总量存在比较明显的两极分化现象。2012年相对于2005年，株洲、湘潭和岳阳三个城市的供水量分别减少了45％、75％和71％。供水总量增加幅度最大的是常德，增长幅度达到55％。由图4-1看出，长沙在长株潭城市群中属于一枝独秀，供水总量位于整个城市群的领先地位，是其他城市2倍或者十几倍，显示出长沙市经济发展和人口总量的优势地位。总体上，长株潭城市群各城市按照供水总量的数量级可以排序为三个级别的城市，第一级别城市包括长沙，第二级别包括湘潭、岳阳、株洲、衡阳，第三级别城市包括常德、益阳和娄底。

长株潭城市群2005～2012年各城市供水总量（单位：万吨／年）　　　表4-2

城市＼年份	2005年	2006年	2007年	2008年	2009年	2010年	2011年	2012年
长沙	41969	43329	38877	44866.93	45144.35	46431	39991	49562
株洲	31811	31526	18158	17760.26	16205.75	16324	17236.49	17229.08
湘潭	47298	49186	15200	16061.63	12402.37	10480	16421.34	11681.25
益阳	4132	5008	4264	4247	3771	4300	4058	5200
常德	5449	7630	8180	7789.57	6373.85	6267	8106.77	8490.77
岳阳	52563	27239	16828	16974.6	16828	16298	15529	15275

续表

城市＼年份	2005 年	2006 年	2007 年	2008 年	2009 年	2010 年	2011 年	2012 年
衡阳	27216	23116	21899	15685.77	15967.75	20710	20574.6	19135.4
娄底	4109	3704	8500	4355.71	4438.26	4634	4332.81	4481.78

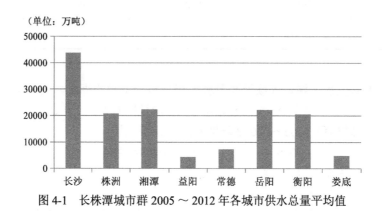

图 4-1　长株潭城市群 2005 ～ 2012 年各城市供水总量平均值

表 4-3 显示了长株潭城市群 8 个城市公共供水总量情况。2012 年公共供水占城市供水总量达到 100% 的城市有长沙、益阳和娄底，只有岳阳的比重仅为 43%。从 2005 年至 2012 年发展趋势看，除常德存在降低趋势外，其他城市都呈现增长趋势，显示出整个城市群自来水厂的公共供水设施建设情况逐年向好的方向发展。由图 4-2 可见，长株潭城市群除去湘潭和岳阳，其他城市公共供水占城市供水总量的比重都超过了 70%，显示整个城市群的公共供水设施建设比较完备。图 4-3 显示，除去 2011 年，各年份公共供水增长率均高于城市供水增长率，这意味着长株潭城市群在 2005 ～ 2012 年期间不断加强供水设施的投资与建设力度，从而提高了公共供水能力。

长株潭城市群 2005 ～ 2012 年各城市公共供水占城市供水总量比重（单位：%）　表 4-3

城市＼年份	2005 年	2006 年	2007 年	2008 年	2009 年	2010 年	2011 年	2012 年
长沙	100	100	100	100	100	100	100	100
株洲	56	54	94	94	98	99	98	98
湘潭	14	14	46	49	62	78	53	81
益阳	85	82	100	100	100	100	100	100
常德	100	100	100	100	100	100	62	85
岳阳	26	27	44	43	44	42	42	43
衡阳	66	60	57	81	78	83	86	92
娄底	72	74	34	79	81	82	100	100

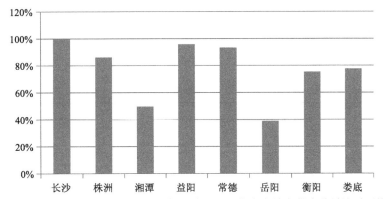

图 4-2　长株潭城市群 2005 ～ 2012 年各城市公共供水占城市供水总量比重平均值

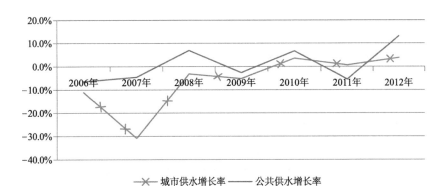

图 4-3　长株潭城市群 2006 ～ 2012 年城市供水和公共供水增长率

　　从表 4-4 可以看出，2005 ～ 2012 年期间长株潭城市群各城市每日供水生产能力呈现两极分化状况，长沙和常德持续增长，而包括株洲、湘潭等城市在内的其他 6 个城市日综合生产能力都呈下降趋势，株洲和湘潭下降幅度分别达到 58% 和 54%。长沙市供水日综合生产能力远远超过其他城市。由图 4-4，2005 ～ 2012 年期间，长沙、株洲、岳阳的供水日综合生产能力排在前三位，常德、益阳和娄底排在后三位。

长株潭城市群 2005 ～ 2012 年各城市供水日综合生产能力（单位：万吨 / 日）　　表 4-4

年份 城市	2005 年	2006 年	2007 年	2008 年	2009 年	2010 年	2011 年	2012 年
长沙	162	162	167	167	167	180	195	215.65
株洲	250.7	250.7	128.1	128.1	128.5	128.5	103.5	103.5
湘潭	105.95	106	117.2	117.2	51.36	48.72	64	48.64
岳阳	203.2	171	72.65	72.65	72.65	102.6	106.6	107
常德	37.5	40	40	40	37.5	37.5	35.98	40.98
益阳	40.2	39	36	36	36	34	32	32

续表

城市＼年份	2005 年	2006 年	2007 年	2008 年	2009 年	2010 年	2011 年	2012 年
衡阳	101.24	101.2	101.5	81	74.1	74.1	73	69
娄底	22	24	24	24	24	24	18	18

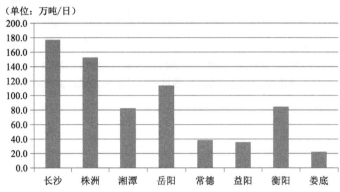

图 4-4　长株潭城市群 2005～2012 年各城市供水日综合生产能力平均值

供水管网长度一般随着城市规模的扩张而增长。从表 4-5 可以看出，长株潭城市群 2005～2012 年期间，除岳阳市仅延长了 11 公里外，其他城市的供水管网长度均有较大程度的增长。从绝对值上来看，株洲市延长了 1 074 公里，长沙市延长了 761 公里，衡阳市延长了 260 公里。从增长速度来看，2012 年相比较于 2005 年，株洲市增长了 135%，常德市增长了 92%，娄底市增长了 56%。从城市供水管网绝对长度来看，长沙市由于其城市规模大，供水管网长度排列城市群 8 个城市之首，达到 2211 公里。由图 4-5 可以看出，自 2005 年到 2012 年，供水管网长度增长率速度最快的是株洲和常德，反映出这两个城市在城市建设和改善供水设施建设方面的资金投入较大。

长株潭城市群 2005～2012 年各城市供水管网长度（单位：公里）　　　表 4-5

城市＼年份	2005 年	2006 年	2007 年	2008 年	2009 年	2010 年	2011 年	2012 年
长沙	1450	1529	1659	1801	1925	2012	2211	2211
株洲	795	887	806.95	934.61	1006.45	1222	1504.43	1869.85
湘潭	1003.3	1027	1094	1167.59	805	848	1093	1135
岳阳	679	624	536	666	783	585	664	690
常德	517	902	792	909.41	781	824	954	992
益阳	247	298	221	268	275	304	315	331
衡阳	673	710	751	784.76	820	890	916	933
娄底	236.5	272	283	304	324	326	312	370

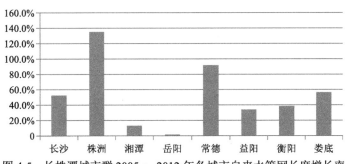

图 4-5 长株潭城市群 2005 ～ 2012 年各城市自来水管网长度增长率

2. 人均日生活用水量

考察长株潭城市群各城市人均日生活用水量，从表 4-6 看出，2005 ～ 2012 年期间，除长沙和岳阳人均日生活用水量增长以外，其他城市的人均日生活用水量都呈现下降趋势，其中岳阳、湘潭、衡阳和株洲四个城市降幅都很大。从绝对值来看，长沙和株洲两个城市用水量最大，处于整个城市群领先地位（图 4-6）。

长株潭城市群 2005 ～ 2012 年各城市人均日生活用水量（单位：吨 / 年） 表 4-6

年份 城市	2005 年	2006 年	2007 年	2008 年	2009 年	2010 年	2011 年	2012 年
长沙	313.25	358.46	376.44	347.67	370.72	364.24	307.47	340.18
株洲	364.25	299.68	375.57	379	303	266.32	246.4	240.65
湘潭	377.69	383.32	190.26	198.44	218.21	182.05	240	182.86
岳阳	434.94	303.84	223.04	224.99	227.25	183.25	184.1	192.9
常德	167.57	165.98	157.2	159.12	146.02	155.52	179	218.49
益阳	205.2	209.01	173.9	166.7	119.25	130.59	108.4	112.53
衡阳	301.83	166.64	166.83	153.63	164.1	166.95	138	133.5
娄底	228.66	214.76	225.6	234.08	222.87	225.31	214	198

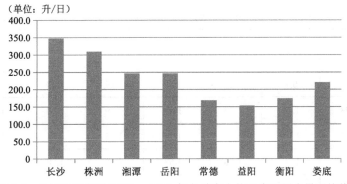

图 4-6 长株潭城市群 2005 ～ 2012 年各城市人均日生活用水量平均值

3. 城市供水结构

由表 4-7 可见，长株潭城市群各城市用水结构总体特点是生产经营用水占城市供水总量比重趋于降低，公共服务和居民家庭用水占比趋于提升，漏损水量总体状况没有好转。2012 年相较于 2005 年，长株潭城市群各城市生产经营用水占城市供水总量的比重全部下降，特别是湘潭降低幅度达到 62.3%。长株潭城市群各城市的公共服务用水和居民家庭生活用水总量占全部供水总量比重存在一定的差异，长沙、株洲、湘潭、益阳和娄底 5 个城市的占比提高，而岳阳、常德和衡阳 3 个城市的占比降低。特别是 2012 年，长沙市该占比接近 80%，说明长沙的第三产业、办公、教育、医疗和人口数量都呈现增长趋势，导致公共服务和居民家庭生活用水量显著增长。长株潭城市群漏损水量占城市全部供水的比重有增有减，其中岳阳、常德和娄底呈下降趋势。从 2012 年来看，该城市群漏损水量占比排前三位的城市是衡阳、湘潭和岳阳，其他城市漏损水量占比不高。

长株潭城市群 2005 ～ 2012 年各城市各类供水量占全部供水量的比重（单位：%）　表 4-7

城市	生产经营用水占比			公共服务和居民家庭用水占比			漏损水量占比		
	2005 年	2012 年	二者之差	2005 年	2012 年	二者之差	2006 年	2012 年	二者之差
长沙	12.8	6.6	−6.1	56.8	78.6	21.7	2.3	10.6	8.4
株洲	66.0	27.9	−38.1	25.2	52.8	27.6	8.8	14.6	5.8
湘潭	78.8	16.4	−62.3	20.9	43.4	22.5	4.5	25.4	21.0
岳阳	19.2	18.9	−0.3	62.9	42.1	−20.8	20.5	18.9	−1.6
常德	34.9	22.8	−12.1	59.8	48.4	−11.4	24.1	12.2	−11.9
益阳	76.6	61.2	−15.4	17.6	29.2	11.6	6.8	7.5	0.8
衡阳	36.5	13.5	−22.9	29.1	21.8	−7.3	11.9	34.3	22.4
娄底	11.3	5.9	−5.4	58.7	60.9	2.2	13.8	7.4	−6.4

4. 城市供水价格

总体上，长株潭城市群各城市的居民家庭自来水价格在 8 年期间进行过 1～2 次的调整，除湘潭市将水价调低外，其他城市的水价都略有调高。2012 年 8 个城市中，娄底市水价最高，衡阳市水价最低（表 4-8）。

长株潭城市群 2005 ～ 2012 年各城市居民家庭生活自来水价格（单位：元/立方米）　表 4-8

城市 年份	2005 年	2006 年	2007 年	2008 年	2009 年	2010 年	2011 年	2012 年
长沙	0.7	0.7	1.19	1.19	1.19	1.19	1.19	1.51
株洲	0.98	1.23	1.23	1.23	1.59	1.59	1.59	1.59
湘潭	1.15	1.15	1.15	1.15	1.55	1.55	1.55	1.55
岳阳	1.26	1.26	1.26	1.58	1.58	1.58	1.84	1.84
常德	1.23	1.23	1.23	1.23	1.4	1.42	1.4	1.4

续表

年份 城市	2005 年	2006 年	2007 年	2008 年	2009 年	2010 年	2011 年	2012 年
益阳	1.24	1.24	1.24	1.24	1.24	1.24	1.24	1.62
衡阳	1.26	1.26	1.26	1.26	1.26	1.26	1.26	1.26
娄底	1.99	1.99	1.99	1.99	1.99	1.99	1.99	1.99

（三）长株潭城市群各城市用水特征评价与结果分析

1. 各数据的平均数和方差分析

为分析长株潭城市群用水需求，首先就各城市人均可支配收入、第三产业总值、建成区面积、自来水价格与人均可支配收入比、常住人口、户均人数等各指标进行描述性统计，计算了 2005～2012 年期间数据的平均数和方差（表4-9、表4-10）。

分析结果表明：（1）长株潭城市群集中发展长沙的态势明显，次要发展城市为衡阳、常德、株洲。原先家庭人口较多而近年快速朝向小家庭化发展的城市是常德、湘潭、娄底。（2）供水基础设施建设以长沙及株洲变动幅度最大。人均日生活用水量大幅变动的城市，主要发生在次要发展城市或快速都市化的城市。居民用水水价变动与人均日生活用水量变动较大的城市较为不同，说明水价可能有助稳定人均日生活用水量变动。气温与降雨量变动不存在一定的依存关系。

2. 长期波动图

由图 4-7 观察发现，各变量在城际之间的变化可分为三大类型。第一类是以长沙大规模领先的变量，其中，代表用水的变量，计有生活用水总量、人均日生活用水量、供水总量、供水管网长度、综合生产能力；代表经济的变量，计有第三产业产值、建成区面积。第二类是各城市间差异性小的变量，包括户均人口、人均可支配收入、雨量、水价与人均可支配收入比、常住人口。第三类是各城市间差异性大的变量，其中，代表用水的变量，计有供水网长度、供水总量、人均日生活用水量、综合生产能力、生活用水量；代表经济的变量，计有水价；代表气候的变量，有气温一项。上述三大类型变化说明城市群存在以下三个特征。

2005～2012 年期间长株潭城市群各变量变化较大的前三位城市　　　　　　表 4-9

变量	城市	变量	城市
人均可支配收入	长沙、株洲、湘潭	第三产业总值	长沙、常德、岳阳
城市建城区面积	长沙、衡阳、株洲	户均人数	娄底、常德、岳阳
常住人口	衡阳、常德、岳阳	降雨量	常德、长沙、株洲
气温	常德、湘潭、长沙	居民用水价格	长沙、株洲、岳阳
人均日生活用水量	湘潭、株洲、长沙	供水总量	株洲、湘潭、长沙
供水管网长度	长沙、岳阳、益阳	日综合生产能力	长沙、湘潭、株洲

长株潭城市群各城市用水各变量描述性统计分析

表 4-10

城市		人均日生活用水量（单位：日/升）	供水总量（单位：万吨）	综合生产能力（单位：万立方米/日）	供水管道长度（单位：公里）	气温（单位：摄氏度）	降雨量（单位：毫米）	居民用水水价（单位：元/立方米）	水价人均可支配收入比
长沙	平均	347.30	43771.29	176.96	1849.75	17.71	1509.96	1.11	0.00006
	方差	3274.00	45585481.67	3775.84	146441.93	0.45	73197.76	0.08	0.00000000000087
株洲	平均	309.36	20781.32	152.70	1128.29	18.44	1486.35	1.38	0.00008
	方差	7207.08	260294653.37	1015.68	17418.42	0.14	53478.18	0.06	0.00000000015
湘潭	平均	246.60	22341.32	82.38	1021.61	18.05	1337.77	1.77	0.00013
	方差	7278.25	165659399.79	2366.74	5483.98	0.48	37115.42	0.05	0.00000
岳阳	平均	246.79	22191.83	113.54	653.38	16.27	1428.75	1.53	0.00010
	方差	657.97	12197233.88	368.12	84919.07	0.02	25212.50	0.06	0.00000000000013
常德	平均	168.61	7285.87	38.68	833.93	18.04	1288.04	1.32	0.00010
	方差	2849.28	14217660.05	207.01	9393.06	0.68	81652.83	0.01	0.00000000033
益阳	平均	153.20	4372.50	35.65	282.38	16.68	1518.18	1.29	0.00009
	方差	500.84	1220176.63	3.14	22119.52	0.08	50490.18	0.02	0.00000000000077
衡阳	平均	173.94	20538.07	84.39	809.72	18.33	1180.86	1.26	0.00010
	方差	1679.20	234278.29	8.81	1345.70	0.18	35352.61	0.00	0.00000000000090
娄底	平均	220.41	4819.45	22.25	303.44	17.76	1317.84	1.99	0.00017
	方差	126.74	2291572.58	7.36	1617.53	0.24	21021.55	0.00	0.0000000018

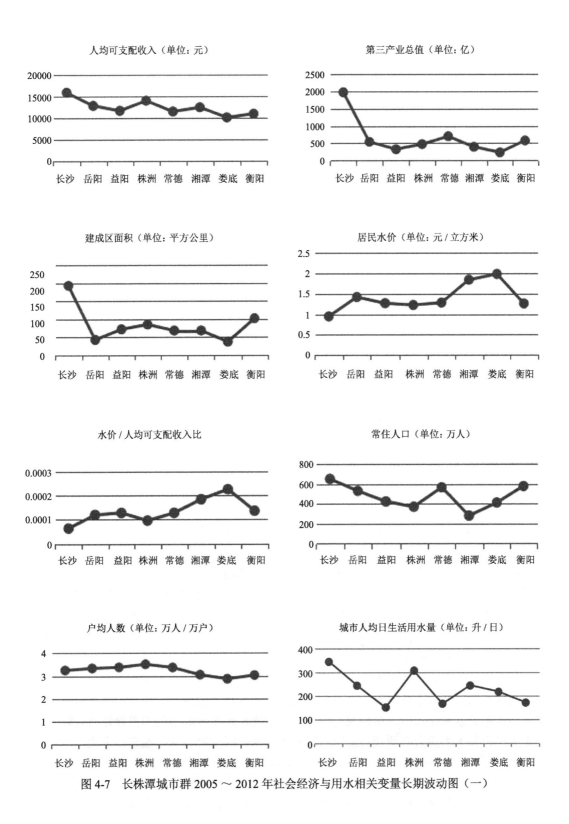

图 4-7　长株潭城市群 2005 ~ 2012 年社会经济与用水相关变量长期波动图（一）

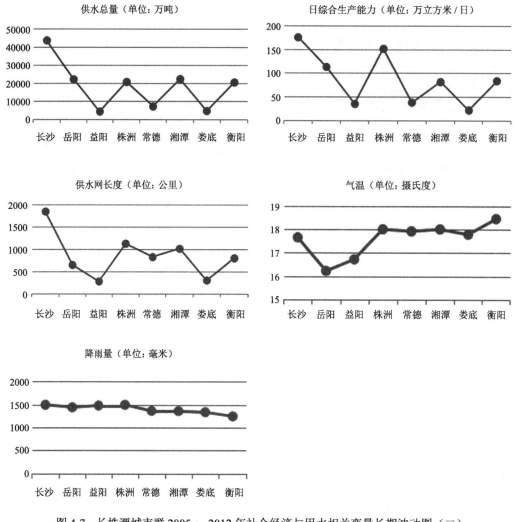

图 4-7　长株潭城市群 2005 ～ 2012 年社会经济与用水相关变量长期波动图（二）

第一，以长沙为经济发展与水基础设施建设的核心。长株潭城市群在经济发展上呈现两极化发展，长沙遥遥领先其他城市；这也影响到供水总量以及供水基础设施建设的规模，呈现长沙大规模领先。规模化会影响到供水行业在技术方面的研发经费总量，因此，两极化发展也表明，除了长沙之外，其他城市的城市供水行业发展能力受限。长沙应致力扮演好区域内供水技术发展的主要角色。

第二，应致力改善城际人均日生活用水量差异。常住人口在各城市之间差异性大，与生活用水总量以及供水基础设施建设的规模同属差异性大的变量。由于用水量来自人均日生活用水量乘以常住人口，这也表明人均日生活用水量在各城市间的差异性必定较大。维持个人每日基本生活所必须使用的用水量应当相近，因此对长株潭城市群来说，应当致力于减少城际间人均日生活用水量的差异性，共同降低各城市的人均日生活用水量。

第三，水价定价未充分考虑当地人均可支配收入。应当维持水平相近的变量，还包括水价与人均可支配收入比。这项指标意指水价的合理性，高水价与人均可支配收入比，有助于节约用水，反之，低水价与人均可支配收入比，会影响水价对用水量的调节能力。然而，在长株潭城市群中，城际之间的水价与人均可支配收入比差异较大，这也说明城市群内的水价定价不够合理，未考虑人均可支配收入。

3. 用水特征分析

在对社会经济和供水相关数据进行描述性统计分析和数据检验的基础上，利用第二章构建的两个用水需求预测模型，分析长株潭城市群各城市用水特征。衡阳市的人均日生活用水量在 2005 年有较大幅度的变化，影响模型的稳定性，因此在分析时删除衡阳市。表 4-11 是面板模型分析结果。

长株潭城市群各城市用水状况面板模型Ⅰ-Ⅱ分析结果　　　　　表 4-11

变量	模型Ⅰ	模型Ⅱ
	系数（p 值）	系数（p 值）
城市建成区面积	0.91 （0）	
人均可支配收入	0.44 （0.57）	−0.22 （0.50）
常住人口	-0.06 （0.90）	
水价 / 人均可支配收入	2196.27 （0.61）	1402.03 （0.31）
气温	0.24 （0.92）	−2.27 （0.01）
雨量	0.39 （0.56）	−0.05 （0.75）
第三产业总值		−0.20 （0.29）
户均人口		−0.13 （0.69）
R-squared within	0.02	0.43
R-squared between	0.44	0.42

各模型计算结果解释如下：（1）模型Ⅰ说明长株潭城市群的供水总量与城市建成区面积有明显的相依关系，城市建成区面积愈大，供水总量也愈大，符合理论预期；常住人口负向影响供水总量，影响不显著，反映出城市土地利用多元化，即因城市建成区面积与人口扩张不存在明显关联，人均日生活用水量变化在城市建成区面积与供水总量之间的中介作用较小，城市建成区面积愈大，供水总量也愈高。（2）模型Ⅱ虽然说明了气温的影响较大，但实际上与经济发展集中在温度较低的城市有关。进一步分析原因，从图 4-7 可见，人均可支配收入与人均日生活用水量趋势较为一致，也就是说，长株潭城市群还在城镇化早中期阶段，农村人口进入城市后未改变用水习惯，导致人均可支配收入愈高人均日生活用水

量也愈高的趋势。

综上所述，长株潭城市群用水总体特征为：相对于京津冀以及长江三角洲，长株潭城市群城镇化尚处于初级阶段，人均可支配收入对降低人均日生活用水量的效果仍不明显，导致各城市人均日生活用水量变动与其经济变量之间缺乏规律，使得长株潭城市群的供水量与人口的关系不大，反而与土地关系较大，供水总量上升与城市建成区面积扩张息息相关。

二、成渝城市群用水状况评价

（一）成渝城市群概况

成渝地区自古以来就有"天府之国"的美誉，是中国城市文明发展较早的区域，成都和重庆也一直是西部地区重要的经济、文化、政治中心。新中国成立后至改革开放前为成渝城市群的初步发展时期。这一时期，成渝地区利用国家三线建设等契机，在经济发展上取得了质的突破，形成了以工业为主导的经济发展模式。同时，大批量的基础设施建设使得地区城市间的联系更为密切，成渝城市群得到了初步发展。

改革开放后，成渝城市群逐步发展起来。特别是重庆市升格为直辖市以后，加上得到国家西部大开发政策的重点支持，在成都和重庆两大核心城市带动下，成渝城市群逐步发展成为中国西南地区一个重要的城市群。2011年初国家通过了成渝经济区区域规划，使成渝城市群的发展得到了国家层面的支持和认同。这一规划明确了成渝城市群内部各个城市的发展定位，各个城市协调合作发展的未来方向，以及成渝城市群一体化的建设目标。

成渝城市群是以重庆和成都为核心的双核城市群。从地理范围来看成渝城市群位于长江上游干流及其支流岷江、嘉陵江、沱江、乌江流域的中下游地区。从具体城市构成来看，成渝城市群包括重庆市和四川省的成都、德阳、绵阳、乐山、资阳、眉山、自贡、内江、宜宾、泸州、遂宁、南充、广安、达州、攀枝花、广元、巴中、雅安18个地级市。

成渝地区属于亚热带季风气候，河流众多，水源丰富。该地区基本属于长江水系。长江横贯全区，宜宾以上称金沙江，宜宾至湖北宜昌河段又名川江或蜀江。川江河段长1030公里，流域面积50万平方公里。川江北岸支流多而长，著名的有岷江、沱江和嘉陵江。南岸河流少而短，较长的是乌江、綦江和赤水河，呈极不对称的向心状水系。成渝城市群并没有针对水资源状况的专门统计数据，但因其与四川、重庆两省市的统计区域和水域范围具有一定程度上的一致性，因此本书使用四川省和重庆市的水资源公报来描述成渝城市群的水资源状况。

四川省多年平均降水量约为4889.75亿立方米。水资源以河川径流最为丰富，境内共有大小河流近1400条，号称"千河之省"。水资源总量共计约为3489.7亿立方米，其中：多年平均天然河川径流量为2547.5亿立方米，占水资源总量的73%；上游入境水942.2亿立方米，占水资源总量的27%。还有地下水资源量546.9亿立方米，可开采量为115亿立方米。境内遍布湖泊冰川，有湖泊1000多个、冰川约200余条和一定面积的沼泽，多分布于川西北和川西南，湖泊总蓄水量约15亿立方米，加上沼泽蓄水量，共计约35亿立方米。四川共有大中型水库211座，2013年末蓄水总量约为234.48亿立方米。

综合来看，四川水资源总量丰富，人均水资源量高于全国，但时空分布不均，形成区域性缺水和季节性缺水；水资源以河川径流最为丰富，但径流量的季节分布不均，大多集中在 6 月至 10 月，洪旱灾害时有发生；河道迂回曲折，利于农业灌溉；天然水质良好，但部分地区也有污染。

重庆全市水资源总量 474.34 亿立方米，折合径流深 575.7 毫米。地表水资源量 474.34 亿立方米，地下水资源量 96.39 亿立方米，平均产水系数 0.54，产水模数 57.57 万立方米/平方公里，人均水资源量约为 1 719 立方米。全市大中型水库共计 104 座，其中大型水库 17 座，中型水库 87 座。2013 年大中型水库年末蓄水总量为 49.4209 亿立方米。

综合来看，重庆水资源时空分布不均，东部多，西部少，人均占有当地水资源量 1 719 立方米。其中，渝西部分地区人均占有当地水资源量仅为 889 立方米，属于重度缺水地区。而且，重庆水资源利用方式较为粗放，用水效率低，浪费严重，农田灌溉水有效利用系数仅为 0.45，低于全国平均水平 0.5。

（二）成渝城市群 2005～2012 年期间用水状况比较

本节对成渝城市群 2005～2012 年期间各个城市供水相关指标的绝对值进行横向比较，期望得到一些该城市群用水状况的直观结论。

1. 城市供水能力分析

由表 4-12 可知，2005～2012 年期间成渝城市群 19 个城市中，成都、重庆、绵阳、资阳、达州、泸州和宜宾这 7 个城市供水总量呈现不同程度的增长趋势；南充供水总量 2006 年开始减少，2010 年又开始增长；而德阳等 11 个城市的供水总量呈下降趋势。成渝城市群供水呈现明显的两极分化现象。

成渝城市群 2005～2012 年各城市供水总量（单位：万吨/年）　　　表 4-12

年份 城市	2005 年	2006 年	2007 年	2008 年	2009 年	2010 年	2011 年	2012 年
成都	55718	51182	52127	59462	61096	65778	70736	76021
重庆	71032	75455	69496	73473	77146	86926	89756	95902
绵阳	7523	6396	7293	7638	7695	7731	8387	8943
德阳	5734	4312	4509	4689	4774	5248	5667	4985
乐山	5350	4661	4538	4361	4401	4584	4279	4359
眉山	3100	2703	2756	2705	2954	2976	3303	2845
遂宁	4057	4553	2588	2704	2668	2571	3344	3645
内江	4822	3513	3619	3718	3667	3801	3865	3075
南充	7907	7714	6675	6685	6820	7100	7200	7910
资阳	2172	2617	2620	2630	2129	2105	2336	2393
自贡	7163	6296	5142	4545	4622	5639	6234	6439
广安	2607	2256	2330	2359	1328	1211	1474	1585
达州	3184	3578	3904	2553	2716	3080	3176	3394
巴中	1940	1956	2096	1887	1352	1451	1652	1804

续表

城市 \ 年份	2005 年	2006 年	2007 年	2008 年	2009 年	2010 年	2011 年	2012 年
广元	5068	2379	2306	2403	2542	2670	3067	3104
泸州	8580	8906	7558	8060	8414	9063	9769	10747
攀枝花	10013	10235	10080	11067	11328	12173	12347	12775
雅安	2685	2623	2808	2876	2984	3385	1872	2405
宜宾	4870	5986	5484	4531	4881	5166	4452	5125

由图 4-8 看出，2005～2012 年期间成渝城市群年均供水量最多的城市是重庆，接近 8 亿吨；其次是成都，年均供水量为 6 亿吨。这两个城市远远超过其他城市。在第二供水梯队中，攀枝花、泸州和南充也是供水大户，年均供水量在 7000 万吨以上，而广安和巴中年均供水量不足 2000 万吨。整个城市群，成都、重庆用水需求最大，加强成都和重庆的供水保障能力非常重要。

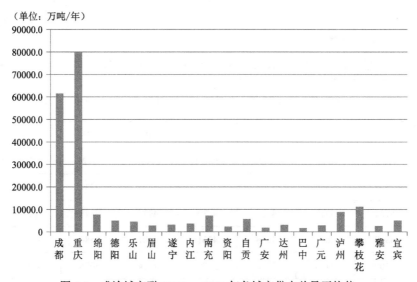

图 4-8　成渝城市群 2005～2012 年各城市供水总量平均值

表 4-13 显示成渝城市群各城市公共供水占城市供水总量的比重。2012 年数据显示，成都、重庆、绵阳、乐山、遂宁、南充、资阳、广安、达州、巴中、广元、雅安和宜宾等 13 个城市的公共供水占全部城市供水量的比重达到 90% 以上，表明这些城市的公共供水设施通过增加投资和改善设施完备程度，减少了自备井供水使用单位。公共供水占比较低的城市主要是泸州、攀枝花和德阳。图 4-9 显示，2005～2012 年期间，公共供水占城市供水总量比重，除了泸州低于 50% 以外，其他城市都达到或超过 50%，更有南充、巴中两个城市实现了 100% 供水。

成渝城市群 2005 ～ 2012 年各城市公共供水占城市供水总量的比重（单位：%）　　表 4-13

城市＼年份	2005 年	2006 年	2007 年	2008 年	2009 年	2010 年	2011 年	2012 年
成都	82	93	90	96	88	75	92	92
重庆	70	81	82	81	84	72	91	91
绵阳	81	85	76	78	82	83	93	93
德阳	42	52	54	56	56	60	69	65
乐山	69	79	93	93	98	98	98	98
眉山	32	45	49	52	56	59	63	78
遂宁	69	69	83	84	84	88	90	91
内江	54	57	58	58	60	60	61	88
南充	100	100	100	100	100	100	100	100
资阳	64	96	96	96	95	96	96	96
自贡	84	97	91	91	91	80	82	82
广安	73	100	100	100	100	100	100	100
达州	68	71	72	96	96	97	97	97
巴中	100	100	100	100	100	100	100	100
广元	47	66	77	78	84	67	94	98
泸州	38	52	50	48	49	42	52	54
攀枝花	41	42	51	52	55	49	58	59
雅安	57	54	56	57	59	54	100	100
宜宾	43	69	66	59	62	64	100	100

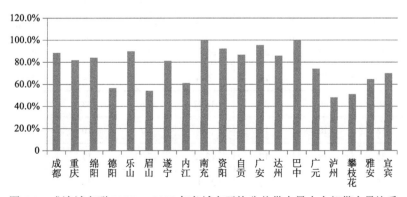

图 4-9　成渝城市群 2005 ～ 2012 年各城市平均公共供水量占全部供水量比重

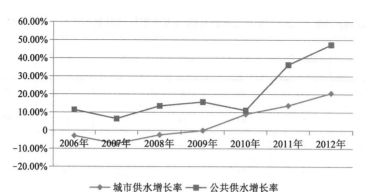

图 4-10 成渝城市群 2006 ～ 2012 年城市供水和公共供水增长率

图 4-10 显示了成渝城市群全部城市 2006 ～ 2012 年城市供水总量和公共供水总量相较于 2005 年的增长趋势。2010 年以后成渝城市群城市供水总量明显增加,显示城市群对用水需求量明显增加。公共供水在 2007 年到 2009 年有一个小幅增长,2010 年以后则是显著增长,增长幅度大于城市供水,意味着 2010 年以后该城市群供水能力增长主要是由供水企业带来的。

在日均综合生产能力方面,表 4-14 显示 2005 ～ 2012 年期间,成都、重庆、攀枝花、绵阳、南充、资阳、达州、泸州这 8 个城市自来水日均综合生产能力有不同程度的提升,其中资阳、重庆和成都三个城市的提升程度位于整个城市群的前三位,分别达到了 54%、42% 和 27.25%,表明这一时期这些城市的供水生产能力有所增强,能够不断满足城市用水的需求。而另外 11 个城市的供水日均综合生产能力有所下降,下降幅度最大的三个城市是内江、广元和遂宁,分别下降了 46%、41% 和 40.8%。

成渝城市群 2005 ～ 2012 年各城市供水日综合生产能力(单位:万吨 / 日)　　表 4-14

年份 城市	2005 年	2006 年	2007 年	2008 年	2009 年	2010 年	2011 年	2012 年
成都	199	177	181	175.95	185.75	225	226.01	226.25
重庆	406	391.7	419.2	418.16	420.35	412.3	429.27	448
自贡	34.3	34	34	33.5	33.5	37	37	31.5
攀枝花	51.3	49	49	49.26	56.26	56	58.26	58.26
绵阳	36.5	35	35	35.71	34.89	43	40.62	39.85
德阳	33.48	27	26	26.4	23.5	24	23.5	23.5
乐山	49.9	40	39	38.92	39.42	33	32.52	32.54
眉山	13	10	10	10	10	10	11	12.17
遂宁	35	29	17	17.22	17.22	17	17.25	20.72
内江	35	23	23	23.05	23.05	20	20.09	18.75
南充	24	24	24	24	24	25	25	28

续表

年份 城市	2005 年	2006 年	2007 年	2008 年	2009 年	2010 年	2011 年	2012 年
资阳	18.7	19	19	18.7	18.8	19	28.8	28.8
广安	8.7	6	6	6.5	6.5	7	6.5	8.52
达州	18.9	19	19	18.9	18.9	19	19.6	19.6
巴中	8	8	8	8	5	5	5	5.5
广元	27.8	19	14	13.91	13.55	12	13.1	16.4
泸州	56.12	60	60	59.6	59.6	61	77.67	77.67
雅安	15.7	15	16	15.6	15.6	17	10	13
宜宾	28.9	29	29	28.9	28.9	23	18.5	18.5

　　由图 4-11，2005 ～ 2012 年期间，重庆、成都两市的日供水综合生产能力明显高于其他城市，分列前两位。重庆作为直辖市，其自来水生产能力之高，反映出庞大的经济发展总量和 3 000 多万常住人口总量对自来水的需求程度。重庆市每日供水综合生产能力是成都市的 2 倍。眉山、广安和巴中 3 个城市的日供水综合生产能力最低，分列后三位。

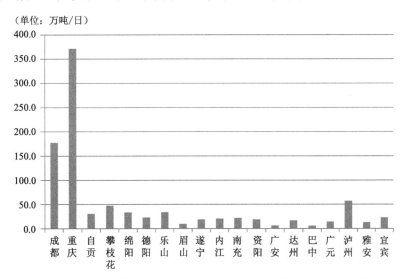

图 4-11　成渝城市群 2005 ～ 2012 年各城市供水日综合生产能力平均值

　　由表 4-15 和图 4-12 可知，2005 ～ 2012 年期间，从整个城市群的供水管网长度来看，相比较于 2005 年，2008 年以后历年的增速都超过 30%，2012 年更是达到 67.6%，显示成渝城市群整体上城市规模和市政基础设施建设有了较大发展。以 2012 年数据来看，供水管网总长度排名在前三位的城市有重庆、成都和自贡，且重庆和成都两个城市的供水管网长度远远超过其他城市，显示出这两个城市人口密度和城市建成区面积远远超过其他城市。巴中、雅安、广安三个城市的供水管网长度排在城市群的后三位。8 年间，城市供水管网建设长度增长最多的城市是重庆、成都、自贡和绵阳；与 2005 年相比增长幅度最大的城市是自贡和绵阳，分别增长了 4.14 倍和 3.86 倍。但是，德阳、内江和广元三个城市的供水管网长度不增反而减少，德阳 8 年期间共减少了 112 公里。

成渝城市群 2005 ～ 2012 年各城市供水管网长度（单位：公里）　　　　表 4-15

年份 城市	2005 年	2006 年	2007 年	2008 年	2009 年	2010 年	2011 年	2012 年
成都	3810	3942	4339	4611	5011	5194	5498	5752.5
重庆	6766	7290	7554	8288	8523	9190	8914	9534
自贡	413	425	1263	1336	1585	1848	1978.73	2124.18
攀枝花	529	551	931	948	1030	1046	1079.96	1146.49
绵阳	442	784	987	1180	1407	1617	1792.73	2148.69
德阳	580	400	414	430	432	452	497	468
乐山	459	483	833	907	940	1000	1071.77	1131.04
眉山	214	184	200	684	744	747	747	368.07
遂宁	255	303	302	325	334	343	369.45	584.01
内江	428	365	362	366	369	375	396.78	406.08
南充	365	377	378	378	410	440	610	692
资阳	226	326	343	343	393	449	452.65	473.65
广安	152	136	130	220	230	235	272	289.29
达州	349	358	369	378	390	430	545.5	546.5
巴中	167	126	151	164	172	177	193.86	202.05
广元	447	277	272	282	274	281	325.38	408.73
泸州	567	410	427	455	489	568	847.49	975.46
雅安	124	130	155	168	164	136	140.05	243.2
宜宾	522	528	543	543	547	751	511.69	685.24

2. 人均日生活用水量

由表 4-16 和图 4-13 可知，2005 ～ 2012 年期间，成渝城市群 19 个城市中，有 18 个城市的人均日生活用水量逐年减少，只有成都增加了。这表明这一时期成渝城市群人均日生活用水量有所下降，可能与水价调整对人们用水行为的改变以及节水意识的增强有关。以 2012 年来看，排在成渝城市群人均日生活用水量最少的三个城市是巴中、广安和自贡，用水量最多的三个城市是成都、攀枝花、达州。从 2005 ～ 2012 年人均日生活用水量平均数来看，成都、攀枝花和宜宾三个城市最高，而自贡、巴中和遂宁三个城市最低。

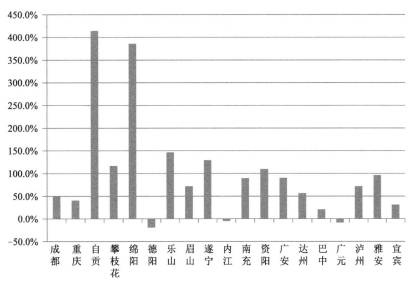

图 4-12　成渝城市群 2005 ～ 2012 年各城市供水管网长度平均增长率

成渝城市群 2005 ～ 2012 年各城市人均日生活用水总量（单位：升 / 日）　　表 4-16

年份\城市	2005 年	2006 年	2007 年	2008 年	2009 年	2010 年	2011 年	2012 年
成都	283.97	268	276	278.45	283.37	290	289	318
重庆	163	174.49	140.64	143.57	141.46	137	145.43	149
自贡	164.76	151	122	122.72	119.72	112	99.99	97
攀枝花	236.87	227	203	191.18	201.24	207	194	202
绵阳	211.64	161	171	164.03	161.26	161	164	164
德阳	187.38	158	161	163.66	165.01	168	169	112
乐山	197.58	214	163	161.71	155.1	157	153	151
眉山	212.03	198	192	189.52	174.19	174	182	163
遂宁	176.24	171	132	130.38	122.4	123	117	127
内江	182.58	176	177	172.01	150.46	130	118	112
南充	212.47	205	193	192.15	190.01	183	159	157
资阳	180.95	188	197	186.94	141.23	138	150	140
广安	174.79	178	158	164.64	133.48	97	113	91
达州	196	192	188	178.28	196.04	178	166	176
巴中	176	132	169	164.38	76.43	81	89	91
广元	204	167	159	154.93	162.57	162	170	174
泸州	171.72	156	150	146.4	126.4	126	128	133

续表

年份 城市	2005 年	2006 年	2007 年	2008 年	2009 年	2010 年	2011 年	2012 年
雅安	188.42	129	119	109.43	118.77	143	150	153
宜宾	214	211	212	220.63	233.82	227	184	173

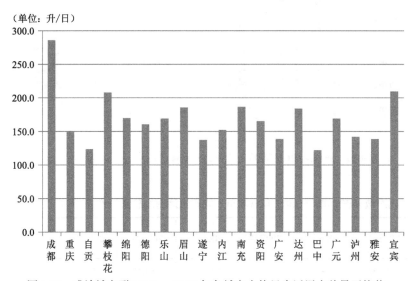

图 4-13　成渝城市群 2005 ~ 2012 年各城市人均日生活用水总量平均值

3. 城市供水结构分析

表 4-17 数据显示了成渝城市群各城市供水结构。从生产经营用水占城市供水总量比重来看,2012 年相较于 2005 年,成渝城市群 19 个城市中 17 个城市都呈降低趋势,特别是广安、广元和宜宾降幅达到 30% 以上。2012 年生产经营用水占城市供水总量比重超过 30% 的城市只有 3 个城市,即泸州、德阳和攀枝花。在公共服务用水和居民家庭用水占城市供水总量比重方面,成渝城市群中的重庆、自贡等 9 个城市呈增长趋势,成都等 10 个城市呈降低趋势。以 2012 年来看,除德阳、自贡、攀枝花和泸州 4 个城市的该占比低于 50% 以外,其他城市基本在 60% 左右,该比重增长的城市可能是由人口增长、第三产业发展带来的。成渝城市群漏损水量占城市供水总量比重,2012 年相较于 2006 年,只有成都和达州两个城市略有降低,其他城市都呈现增长趋势,反映出该城市群供水管网漏损情况并没有得到有效改善。

成渝城市群 2005 ~ 2012 年各城市各类供水量占全部供水量的比重（单位：%）　　表 4-17

城市	生产经营用水占比			公共服务和居民家庭用水占比			漏损水量占比		
	2005 年	2012 年	二者之差	2005 年	2012 年	二者之差	2006 年	2012 年	二者之差
成都	21.8	15.8	−5.9	76.6	68.6	−8.0	12.4	11.7	−0.7
重庆	36.2	23.8	−12.3	56.3	59.2	3.0	4.6	12.0	7.4
绵阳	28.0	18.5	−9.5	45.4	64.3	18.8	8.4	14.5	6.1

续表

城市	生产经营用水占比			公共服务和居民家庭用水占比			漏损水量占比		
	2005 年	2012 年	二者之差	2005 年	2012 年	二者之差	2006 年	2012 年	二者之差
德阳	53.2	39.3	−13.9	45.8	41.2	−4.6	6.1	8.4	2.3
乐山	25.3	11.7	−13.6	71.1	64.3	−6.8	10.0	13.8	3.8
眉山	17.2	20.6	3.4	74.6	65.9	−8.7	7.0	8.5	1.4
遂宁	32.3	17.9	−14.4	66.8	66.4	−0.4	4.6	15.6	11.1
内江	42.9	14.6	−28.3	53.7	67.0	13.3	6.1	15.6	9.5
南充	28.1	16.5	−11.6	65.8	72.1	6.3	6.1	11.3	5.2
资阳	24.6	16.1	−8.5	67.1	61.8	−5.3	11.5	13.5	2.1
自贡	35.9	28.1	−7.8	49.5	47.5	−2.0	9.6	17.5	7.9
广安	65.4	13.5	−51.8	58.0	63.0	5.0	11.2	20.1	8.9
达州	33.1	6.9	−26.1	59.2	69.8	10.5	11.7	9.5	−2.3
巴中	14.1	1.5	−12.6	79.4	58.9	−20.6	14.3	17.2	2.9
广元	39.3	3.5	−35.8	55.3	64.5	9.2	12.1	23.7	11.6
泸州	57.1	49.3	−7.8	54.1	41.0	−13.2	7.3	8.1	0.8
攀枝花	45.6	57.9	12.3	37.6	35.4	−2.1	2.7	5.8	3.1
雅安	46.4	22.9	−23.5	43.4	58.9	15.5	8.0	11.4	3.4
宜宾	35.0	4.5	−30.5	64.2	67.6	3.4	14.2	18.1	3.9

4. 供水价格

由表 4-18 可知，2005 ～ 2012 年期间，成渝城市群 19 个城市中，有 11 个城市的居民家庭生活用水价格（不含水资源费和污水处理费）有所上升，8 个城市的水价保持不变，表明这一时期成渝城市群的居民生活用水价总体有所上涨。总体上，成渝城市群各城市家庭居民生活自来水价格较低。由图 4-14 可知，2005 ～ 2012 年期间，重庆、广安和眉山三市的水价较高，分列前三位。广元、遂宁两市水价较低，分列最后两位。

成渝城市群 2005 ～ 2012 年各城市居民家庭生活自来水价格（单位：元 / 立方米） 表 4-18

年份 城市	2005 年	2006 年	2007 年	2008 年	2009 年	2010 年	2011 年	2012 年
成都	1.15	1.35	1.35	1.35	1.35	1.55	1.89	1.89
重庆	2.1	2.1	2.1	2.1	2.1	2.5	2.7	2.7
绵阳	1.50	1.50	1.50	1.50	1.5	1.75	1.95	1.95
德阳	1.20	1.39	1.45	1.45	1.45	1.45	1.45	1.45

续表

年份 城市	2005 年	2006 年	2007 年	2008 年	2009 年	2010 年	2011 年	2012 年
乐山	1.45	1.45	1.45	1.45	1.55	1.75	1.75	1.75
眉山	1.80	1.80	1.78	1.75	1.75	1.78	2.10	2.10
遂宁	1.28	1.28	1.28	1.28	1.28	1.28	1.28	1.28
内江	1.70	1.70	1.70	1.70	1.70	1.70	1.70	1.70
南充	1.13	1.33	1.37	1.37	1.37	1.37	1.37	1.37
资阳	1.50	1.50	1.50	1.50	1.5	1.50	1.50	1.5
自贡	1.67	1.67	1.67	1.67	1.67	1.67	1.67	1.67
广安	1.80	1.80	1.80	1.80	1.8	1.83	2.12	2.15
达州	1.15	1.15	1.15	1.19	1.59	1.59	1.59	1.59
巴中	1.78	1.78	1.78	1.78	1.78	1.78	1.78	1.78
广元	1.20	1.20	1.20	1.20	1.20	1.20	1.20	1.20
泸州	1.68	1.68	1.68	1.68	1.83	1.83	1.83	1.85
攀枝花	1.43	1.43	1.43	1.43	1.43	1.43	1.43	1.43
雅安	1.30	1.30	1.30	1.30	1.3	1.30	1.30	1.3
宜宾	1.33	1.60	1.60	1.60	1.60	1.60	1.80	1.80

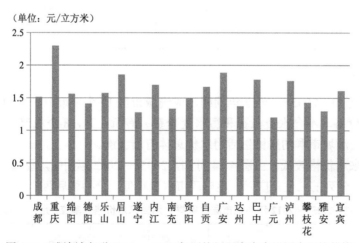

图 4-14 成渝城市群 2005～2012 年平均居民家庭生活用水平均价格

（三）成渝城市群各城市用水特征评价与结果分析

1. 各数据的平均数和方差分析

为分析成渝城市群用水需求，首先就各城市人均可支配收入、第三产业总值、建成区面积、自来水价格与人均可支配收入比、常住人口、户均人数等各指标进行描述性统计，计算了 2005～2012 年期间数据的平均数和方差，见表 4-19 和表 4-20。

分析后发现：（1）重庆在成渝城市群中处于领头羊的态势明显，次要发展城市为成都。原先家庭人口较多而近年快速朝向小家庭化发展的城市为达州、眉山、资阳。（2）对成渝城市群各城市人均日生活用水量、供水总量、综合生存能力、供水管道长度、居民用水价格、气温、降雨量等变量计算 2005～2012 年期间数据的平均值和方差，结果表明供水基础设施建设以重庆、成都变动幅度最大。人均日生活用水量大幅变动的城市，主要发生在小型城市。居民用水水价变动与城市人均日生活用水量变动较大的城市不同，说明水价可能有助稳定人均日生活用水量变动。气温与降雨量变动不存在一定的依存关系。

2. 城际变化趋势分析

由图 4-15 观察发现，各变量在城际之间的变化可分为三大类型。第一类是以重庆大规模领先的变量，其中，代表用水的变量，计有供水总量、综合生产能力、供水管网长度；代表经济的变量，计有人均可支配收入、第三产业产值、城市建成区面积、常住人口。第二类是城市间差异性小的变量，包括户均人口、气温、雨量。第三类是各城市间差异性大的变量，包括人均日生活用水量、水价、水价与人均可支配收入比。上述三大类型变化说明城市群有以下特征。

第一，以重庆为经济发展与供水基础设施建设的核心。成渝城市群在经济发展上呈现两极化发展，重庆遥遥领先其他城市；这也影响到生活用水总量以及供水基础设施建设的规模，呈现重庆大规模领先。规模化会影响到供水行业在技术方面的研发经费总量，因此，两极化发展也表明，除了重庆之外，其他城市的城市供水行业发展能力受限。重庆应致力扮演好区域内供水技术发展的主要角色。

第二，应致力改善城际人均日生活用水量差异。常住人口、生活用水总量以及供水基础设施建设的规模均集中发展于重庆。用水量来自人均日生活用水量乘以常住人口，所以维持稳定的人均日生活用水量，有助于稳定各城市的生活用水量。然而，目前成渝城市群的人均日生活用水量波动较大，因此对成渝城市群来说，应当致力于减少城际人均日生活用水量的差异性，共同降低各城市的人均日生活用水量。

第三，水价定价较未考虑当地人均可支配收入。应当维持水平相近的变量，还包括水价与人均可支配收入比。这项指标意指水价的合理性，高水价与人均可支配收入比，有助于节约用水，反之，低水价与人均可支配收入比，会影响水价对用水量的调节能力。然而，在成渝城市群中，城际之间的水价与人均可支配收入比差异较大，这也说明城市群内的水价定价不够合理，未考虑人均可支配收入。

2005～2012 年成渝城市群各变量变化较大的前三位城市　　　　表 4-19

变量	城市	变量	城市
人均可支配收入	重庆、成都、攀枝花	第三产业总值	重庆、成都、绵阳
城市建城区面积	重庆、成都、泸州	户均人数	达州、眉山、资阳
常住人口	重庆、成都、南充	降雨量	乐山、雅安、内江
气温	德阳、雅安、绵阳	居民用水价格	重庆、成都、绵阳
人均日生活用水量	巴中、广安、内江	供水总量	重庆、成都、攀枝花
供水管网长度	重庆、成都、自贡	日综合生产能力	成都、重庆、泸州

成渝城市群各城市用水变量描述性统计分析

表 4-20

城市		人均日生活用水量（单位：日/升）	供水总量（单位：万吨）	综合生产能力（单位：万立方米/日）	居民用水水价（单位:元/立方米）	水价人均可支配收入比	供水管道长度（单位：公里）	气温（单位：摄氏度）	降雨量（单位：毫米）
巴中	平均数	122.35	1767.32	6.56	1.78	0.00018	169.11	16.96	1181.34
	方差	1832.53	67840.95	2.39	0.00	0.0000000038	569.32	0.13	19649.72
成都	平均数	285.85	61515.08	199.50	1.51	0.00009	4769.69	16.44	804.60
	方差	220.12	78076283.87	523.00	0.08	0.0000000041	507338.92	0.21	27625.09
达州	平均数	183.79	3198.13	19.11	1.37	0.00013	420.75	17.59	1235.94
	方差	117.90	192029.27	0.09	0.05	0.0000000071	6571.14	0.07	39000.27
德阳	平均数	160.51	4989.75	25.92	1.41	0.00011	459.13	16.95	840.18
	方差	462.87	272393.64	11.40	0.01	0.00000000072	3327.27	0.68	9030.74
广安	平均数	138.74	1893.74	6.97	1.89	0.00016	208.04	17.83	1033.64
	方差	1227.75	300641.58	1.13	0.02	0.0000000023	3780.72	0.16	45052.62
广元	平均数	169.19	2942.36	16.22	1.20	0.00013	320.89	16.63	964.83
	方差	234.72	829741.79	26.68	0.00	0.0000000020	4751.23	0.12	31668.50
乐山	平均数	169.05	4566.70	38.16	1.58	0.00013	853.10	17.84	1151.08
	方差	549.74	116983.83	33.44	0.02	0.0000000013	64256.64	0.22	82240.18
泸州	平均数	142.19	8887.19	63.96	1.76	0.00015	592.37	17.98	1056.46
	方差	276.96	1005215.71	73.65	0.01	0.0000000020	43320.52	0.19	42841.96
眉山	平均数	185.59	2917.75	10.77	1.86	0.00016	486.01	17.65	885.86
	方差	242.44	44167.93	1.42	0.02	0.0000000021	71843.07	0.18	11016.23
绵阳	平均数	169.74	7700.63	37.57	1.56	0.00012	1294.80	17.00	811.78
	方差	297.20	559819.39	9.85	0.06	0.00000000056	312795.49	0.25	17020.68

续表

城市		人均日生活用水量（单位：日/升）	供水总量（单位：万吨）	综合生产能力（单位：万立方米/日）	居民用水水价（单位:元/立方米）	水价人均可支配收入比	供水管道长度（单位：公里）	气温（单位：摄氏度）	降雨量（单位：毫米）
南充	平均数	186.45	7251.38	24.75	1.34	0.00013	456.25	17.87	1030.56
	方差	391.70	277468.55	1.93	0.01	0.0000000015	15496.21	0.10	31145.99
内江	平均数	152.26	3760.07	23.24	1.70	0.00016	383.48	17.58	938.40
	方差	825.48	242985.47	25.58	0.00	0.0000000039	579.96	0.15	46600.94
攀枝花	平均数	207.79	11252.19	53.42	1.43	0.00011	907.68	21.19	717.93
	方差	254.39	1192834.06	17.49	0.00	0.0000000011	56227.70	0.25	9062.74
遂宁	平均数	137.38	3266.31	21.30	1.28	0.00012	351.93	17.31	922.20
	方差	524.66	578211.86	47.71	0.00	0.0000000018	9939.59	0.18	32080.93
雅安	平均数	138.83	2704.75	14.74	1.30	0.00011	157.53	16.70	1624.78
	方差	651.25	195871.93	4.95	0.00	0.0000000013	1449.78	0.29	59151.16
宜宾	平均数	209.43	5061.88	25.59	1.61	0.00013	578.87	18.52	901.56
	方差	433.26	252904.41	23.34	0.02	0.0000000014	7838.20	0.17	38633.85
重庆	平均数	149.32	79898.30	418.12	2.30	0.00012	8257.38	18.64	1078.09
	方差	165.41	94014199.41	271.72	0.08	0.0000000020	950994.55	0.23	31851.74
资阳	平均数	165.27	2375.25	21.35	1.50	0.00012	375.79	17.50	853.39
	方差	633.17	51440.50	21.16	0.00	0.0000000018	6886.63	0.18	20180.38
自贡	平均数	123.65	5759.96	34.35	1.67	0.00015	1371.61	18.26	839.56
	方差	551.83	872694.61	3.41	0.00	0.0000000026	433643.84	0.18	16609.99

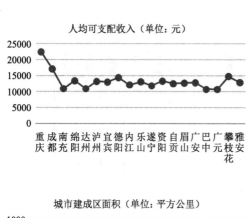

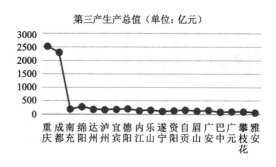

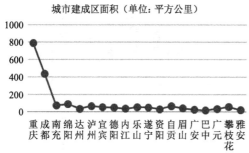

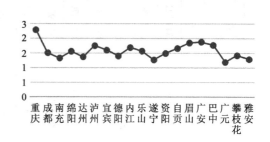

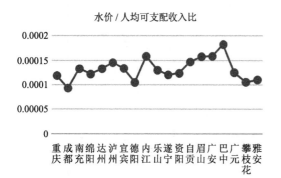

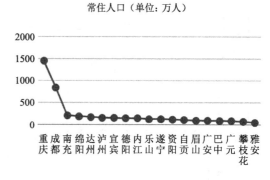

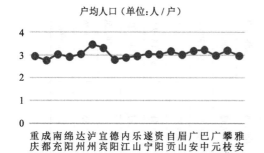

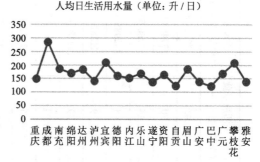

图 4-15　成渝城市群 2005 ～ 2012 年各城市社会经济与用水相关变量长期波动图（一）

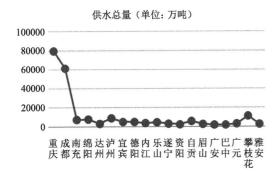

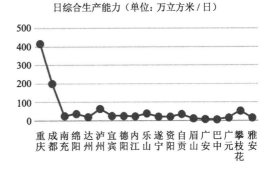

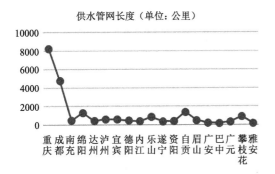

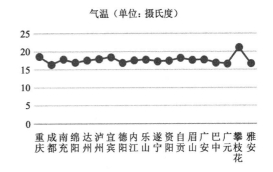

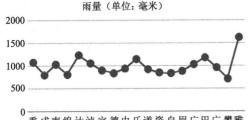

图 4-15 成渝城市群 2005～2012 年各城市社会经济与用水相关变量长期波动图（二）

3. 用水特征分析

在对社会经济和供水相关数据进行描述性统计分析和数据检验的基础上，利用第二章构建的两个用水需求预测模型，分析成渝城市群各城市用水特征。表 4-21 是面板模型分析结果。

成渝城市群用水状况面板模型 I－II 分析结果　　　　　　表 4-21

变量	模型 I	模型 II
	系数（p 值）	系数（p 值）
城市建成区面积	−0.87 （0.38）	
人均可支配收入	0.78 （0.00）	0.40 （0.11）

变量	模型 I	模型 II
	系数（p 值）	系数（p 值）
常住人口	−0.39 （0.09）	
水价/人均可支配收入	4200.56 （0.00）	4380.75 （0.00）
气温	−0.17 （0.80）	−0.57 （0.29）
雨量	0.03 （0.69）	0.01 （0.85）
第三产业总值		−0.04 （0.85）
户均人口		0.71 （0.10）
R-squared within	0.20	0.53
R-squared between	0.74	0.41

各模型计算结果解释如下：（1）模型 I 说明供水总量与人均可支配收入有明显的相依关系，随着人均可支配收入愈高，供水总量也愈大，城市化带来的经济增长对节约用水效果不彰。（2）模型 II 说明水价对稳定用水的效果不佳，成渝城市群的水价定价特色，为高收入及低收入城市的水价差异较小，且该定价对当地居民起不到约束作用，这导致不仅部分高收入城市人均日生活用水量高，低收入城市的人均日生活用水量也高，反映在水价/人均可支配收入对人均日生活用水量的高度正向影响。（3）虽然供水总量随着人均可支配收入愈高也愈大，但由于水价对低收入城市的约束效果不足，使得水价/人均可支配收入愈高，供水总量也愈大。（4）前述原因与城镇化阶段也可能存在关系，成渝城市群还在城镇化早中期阶段，农村人口进入城市后未改变用水习惯，导致人均可支配收入愈高人均日生活用水量也愈高的趋势。

综上所述，成渝城市群用水总体特征为：相对于京津冀和长江三角洲城市群，成渝城市群城镇化阶段相对初期，人均可支配收入对降低人均日生活用水量的效果仍不明显，导致各城市人均日生活用水量变动受到人均可支配收入高度正向影响，水价对用水的约束力也因此不足。

三、哈长城市群用水状况评价

（一）哈长城市群概况

哈长城市群，位于中国东北平原中、北部，是以哈尔滨、长春为核心城市，以齐齐哈尔、大庆、牡丹江、吉林、延吉、四平为主体，同时辐射周边鸡西、松原等城市的中国东北地区的城市群。哈长城市群总面积 263 640.92 平方公里，人口 3 945.59 万（2010 年）。根据 2014 年 3 月 16 日正式公布的《国家新型城镇化规划（2014 ~ 2020 年）》，国家将加快培育成渝、中原、长江中游、哈长等城市群，使之成为推动国土空间均衡开发、引领区域经济发展的重要增长极。哈长城市群以黑龙江和吉林两省的主要城市为纽带，黑龙江有 7 个城市、吉林有 5 个城市共同参与建设。哈长城市群位于黑龙江流域和辽河流域。

表 4-22 是流域内降水量以及水资源情况。辽河流域水污染十分严重，主要污染物是氨氮、高锰酸钾指数、挥发酚，符合Ⅳ和Ⅴ类水质标准占监测河段长比例占 72.8%，Ⅲ类水质标准以上河段占监测河段长比例为 30%。该流域不仅面临水量少的问题，还存在因水质污染增加水资源利用成本。

哈长城市群水资源概况 　　　　　　　　　　　　　　　　　表 4-22

流域	覆盖面积（单位：平方公里）	年降水量		年河川径流		年地下水总量（单位：亿立方米）	年水资源总量（单位：亿立方米）
		总量（单位：亿立方米）	深度（单位：毫米）	总量（单位：亿立方米）	深度（单位：毫米）		
黑龙江流域	903418	4476	496	1166	129	431	1352
辽河流域	345027	1901	551	487	141	194	577

（二）哈长城市群 2005 ～ 2012 年期间用水状况比较

本节对哈长城市群 2005 ～ 2012 年期间各个城市供水相关指标的绝对值进行横向比较，期望得到一些该城市群用水状况的直观结论。

1. 城市供水能力分析

由表 4-23 可知，2005 ～ 2012 年期间，哈长城市群 12 个城市供水总量呈现逐年递减趋势，2007 年开始供水量逐年减少，该年度相比于 2005 年供水量减少的城市有佳木斯、齐齐哈尔、绥化和吉林。2012 年相比于 2005 年，吉林和齐齐哈尔两个城市供水量减少最多，降幅达到 73% 和 27%；其余 10 个城市供水量呈现增长趋势，增幅最大的城市是牡丹江，达到 110%，而辽源、松原和伊春供水量增幅也达到 60% 以上。从总量上看，2012 年哈尔滨市、长春和大庆的供水量位居城市群前三位，而绥化、辽源和四平供水量位居城市群后三位。

哈长城市群 2005 ～ 2012 年各城市供水总量（单位：万吨 / 年） 　　表 4-23

年份 城市	2005 年	2006 年	2007 年	2008 年	2009 年	2010 年	2011 年	2012 年
哈尔滨	33635	37003	40342.2	39985.2	39222.92	37652	40405.28	38652.83
大庆	22365	26074	29429.3	29657.3	29618	28390	32473.09	33223.94
佳木斯	7050	9240	9053	8510	7666	7683	7683	7820
牡丹江	10768	44682	45393.4	43807	43361.29	43592	22836.98	22711.03
齐齐哈尔	12627	9041	6609	7191.21	7002.1	7462	8295.1	9180.5
绥化	1832	1864	1300.5	1317.45	1334.4	2426	2086	2086
伊春	3014	3113	3546.7	3817.9	3839.8	4101	4785.66	4852.56
长春	28259	27852	28639	29974	30287	31315	33274.94	34951

续表

年份 城市	2005 年	2006 年	2007 年	2008 年	2009 年	2010 年	2011 年	2012 年
吉林	86976	81770	28064	28891	24268	25458	23113	23455
辽源	2120	2218	2429	2985	3060	2329	3258	3692
松原	2878	4061	4066	4079	4650	4800	4940	5045
四平	2421	906	1173.9	2027	2398	2525	3795.7	3831
合计	213945	247824	200046	202242	196708	197733	186947	189501

由图 4-16 可知，2005 ～ 2012 年期间，哈长城市群各城市供水量分为两个集群，高供水量集群城市包括吉林、哈尔滨、牡丹江、长春和大庆，低供水量集群城市包括齐齐哈尔、佳木斯、伊春、绥化、松原、辽源和四平。前者供水量是后者供水量的几倍到十几倍。

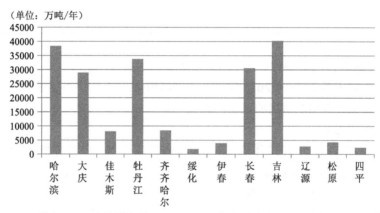

图 4-16　哈长城市群 2005 ～ 2012 年各城市供水量平均值

由表 4-24 和图 4-17 可知，2005 ～ 2012 年期间，哈长城市群各个城市公共供水量占城市供水总量的比重有增有减。增加的城市有哈尔滨、牡丹江、齐齐哈尔、绥化、伊春、吉林，减少的城市有长春、辽源和四平，维持不变的城市有大庆和松原。整个城市群公共供水情况好于其他城市群，2012 年只有牡丹江和吉林两个城市低于 50%，显示该城市群供水基础设施建设相对完备。2012 年相较于 2005 年，除了大庆、佳木斯和吉林三个城市公共供水总量略微下降外，其他城市都持续增加，特别是绥化市，增长率达到 145%，伊春、松原、辽源三个城市的增长率也达到 50% 以上，表明上述城市对供水设施投资和建设的力度很大。

哈长城市群 2005 ～ 2012 年各城市公共供水占城市供水总量的比重（单位：%）　　表 4-24

年份 城市	2005 年	2006 年	2007 年	2008 年	2009 年	2010 年	2011 年	2012 年
哈尔滨	78.2	60.1	75.5	77.8	80.8	76.1	81.2	81.2
大庆	88.1	85.2	85.3	85.0	85.0	86.6	88.1	88.1
佳木斯	71.5	64.7	57.9	54.6	57.0	57.3	56.3	56.3

续表

年份 城市	2005 年	2006 年	2007 年	2008 年	2009 年	2010 年	2011 年	2012 年
牡丹江	15.3	14.8	16.1	15.8	20.2	30.8	30.1	30.1
齐齐哈尔	56.7	79.5	76.4	76.3	77.9	70.9	67.3	67.3
绥化	30.4	45.1	45.3	46.0	26.8	64.7	64.7	64.7
伊春	74.4	75.5	71.2	71.0	76.9	75.3	75.6	75.6
长春	96.0	95.8	94.2	94.8	95.7	95.8	95.5	95.5
吉林	13.6	37.7	35.6	41.2	42.3	44.4	45.2	45.
辽源	100	90.2	84.7	84.1	84.7	88.6	89.7	89.7
松原	100	100	100	100	100	100	100	100
四平	100	99.9	100	100	100	73.1	72.6	72.6

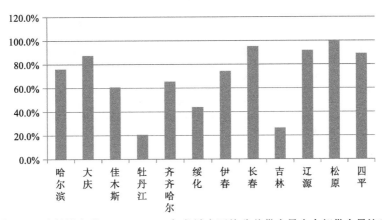

图 4-17　哈长城市群 2005 ～ 2012 年各城市平均公共供水量占全部供水量比重

图 4-18 数据显示，哈长城市群 2007 年以后城市供水量总体下滑，增长率一直为负值。这可能与城市人口减少、经济总量下滑有关系。但公共供水量增长率 2007 年以后持续增长，表明该城市群自备井供水设施逐渐由自来水厂的公共供水所取代。

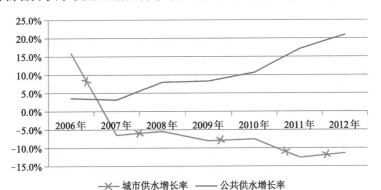

图 4-18　哈长城市群 2006 ～ 2012 年城市供水和公共供水增长率

在城市供水日综合生产能力方面，从表4-25看出，2005～2012年期间，哈长城市群各城市供水生产能力，除吉林和齐齐哈尔两个城市外，其他城市均呈现不同程度的上升趋势。从绝对值上来看，2012年相比2005年，长春和牡丹江两个城市增量最大；从增长率上来看，哈尔滨和辽源两个城市增幅最大。以2012年数据为基准，哈长城市群日均综合生产能力位于前三位的城市依次是吉林、哈尔滨和大庆，位于后三位的城市依次是松原、绥化和四平。

哈长城市群2005～2012年各城市供水日综合生产能力（单位：万吨/日）　　　表4-25

年份 城市	2005年	2006年	2007年	2008年	2009年	2010年	2011年	2012年
哈尔滨	110	186.6	201.36	194.51	196.79	223.4	224.86	221
大庆	169	151	139.6	139.6	169.89	167.7	180.2	192.7
佳木斯	43	45.5	45.48	44.32	44.51	44.5	45.92	46
牡丹江	55.4	248.4	164.4	160	135.9	130.2	130.2	131
齐齐哈尔	55.45	42.1	37.95	38.25	34.8	34.9	39	39
绥化	19.9	19.9	19.9	19.9	19.9	19.9	21.2	21.2
伊春	22.14	23.5	23.5	23.5	23.36	23.9	27.14	27.3
长春	107.44	108	107.96	109.97	110.27	110.4	110.37	124.37
吉林	401	411	411	411	411	411	411	375.5
辽源	11	13	18	18	18	18	30	30
松原	11.2	11.2	11.2	11.2	14.5	17.1	18.6	18.6
四平	19.6	19.6	19.6	19.6	19.6	19.6	22.6	23.6

由图4-19，2005～2012年期间，哈长城市群供水日均综合生产能力最高的是吉林市，几乎是哈尔滨的2倍。供水日均综合生产能力排在第二梯队城市包括哈尔滨、大庆、牡丹江和长春，而佳木斯等7个城市生产能力较小，排在第三梯队。

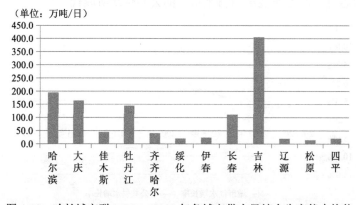

图4-19　哈长城市群2005～2012年各城市供水日综合生产能力均值

表4-26和图4-20的数据显示，哈长城市群中所有城市供水管网长度都有不同程度的增长，从增长量来看，2012年相比较于2005年，哈尔滨、长春、伊春和大庆4个城市位于前四位；从增长率来看，辽源最高，达到了171%，哈尔滨和伊春增长率位于第二、三位，分别达到了82%和71%。从2012年供水管网长度绝对值来看，位于哈长城市群前三位的城市依次是哈尔滨、长春和大庆。

哈长城市群2005～2012年各城市供水管网长度（单位：公里）　　　　　表4-26

城市 ＼ 年份	2005年	2006年	2007年	2008年	2009年	2010年	2011年	2012年
哈尔滨	1141	1292	1611	1579.5	1615.6	1611.5	1822.2	2075.1
大庆	1430	1327	1345	1370.46	1445	1500.2	1623.83	1762.8
佳木斯	470	495	506.2	573.1	554.6	578	633.3	638
牡丹江	405	473	552	540	592	592	599	599
齐齐哈尔	1025	1036	1004.23	1019.61	1029	1030	1029.4	1076.4
绥化	345	380	381	383	384	384	441	443
伊春	681	717	771.55	910.98	963.93	1027	1108.11	1168.4
长春	1580	1639	2001	1772	1814	1872	1987	2062
吉林	1040	1135	1142	1159	1162.3	1186.1	1223	1230
辽源	120	205	296	296	296	296	320	326
松原	364.3	369	379	389	402	408	409	412
四平	327	388	392	392	431.03	431	431.03	431

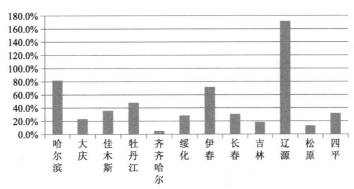

图4-20　哈长城市群2005～2012年各城市管网长度增长率

2. 人均日生活用水量

由表4-27和图4-21，2005～2012年期间，哈长城市群各城市的人均日生活用水量，除去绥化、伊春、辽源和四平这4个城市略有增长外，其他8个城市均不同程度减少。从绝对值来看，2012 年相比较于 2005 年，齐齐哈尔、牡丹江和佳木斯的减少量排在前三位；从增长率来看，牡丹江、齐齐哈尔和长春降幅最大。不论是 2012 年数据还是 2005 年至 2012 年各年份数据平均值，人均日生活用水量最多的 3 个城市是大庆、松原和哈尔滨，用水量最少的城市是辽源、四平和伊春，均不到 100 升 / 日。总体上，相较于其他城市群，哈长城市群日人均生活水量较低。

哈长城市群 2005 ～ 2012 年各城市人均日生活用水总量（单位：升 / 日）　　　表 4-27

年份 城市	2005 年	2006 年	2007 年	2008 年	2009 年	2010 年	2011 年	2012 年
哈尔滨	154.2	173.5	194.8	181.48	176.4	147.73	152.01	149.9
大庆	228.7	144.22	186.65	221.52	162.25	169.3	176.74	191.2
佳木斯	141.3	195.7	183.5	142.67	129.7	124.42	107.42	110
齐齐哈尔	210.4	126.3	89.2	93.75	98.5	99.05	115.45	108.8
牡丹江	226.6	172.6	111.5	138.16	91.4	94.24	103.65	103.65
绥化	102.1	104.5	102.4	127.97	105.11	106.03	136	135.7
伊春	81	83.46	86.26	86.02	85.81	90.5	99	98.2
长春	180	169.03	146.36	153.69	148.23	139.35	123.97	110
吉林	138	123.03	117.41	116.56	114.69	121	113.33	113
辽源	110	44.42	42.58	88.06	89.95	63.95	75.75	76
松原	171	181.01	202.17	200.51	184.93	188.06	181.44	175
四平	35	41.57	59.48	59.16	52.02	53.15	94.99	95

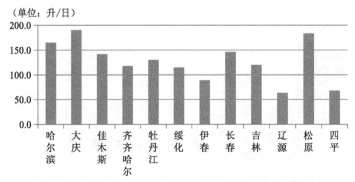

图 4-21　哈长城市群 2005 ～ 2012 年各城市人均日生活用水量平均值

3. 城市供水结构

由表 4-28 可知，2012 年相比 2005 年，哈长城市群生产经营用水量占城市供水总量比重减少的城市有哈尔滨、佳木斯、齐齐哈尔、绥化、长春、吉林、辽源和四平，其他 4 个城市呈现增加趋势,这说明该城市群部分城市第三产业和居民生活用水需求增加,工业生产用水有所减少。2012年,生产经营用水总量占城市供水总量超过40%的城市有大庆、牡丹江、伊春和吉林。同期,公共服务用水和居民家庭用水占比呈增长趋势的城市有哈尔滨、绥化和吉林3个城市,其他城市呈现递减趋势。2012年,该占比超过40%的城市依次有绥化、哈尔滨、松原、齐齐哈尔、长春、四平和伊春,其他城市均低于40%。

同期,漏损水量占城市供水总量比重减少的城市只有大庆,其他城市都呈现增加趋势,说明整个城市群供水管网漏损情况并没有明显好转。从2012年数据来看,辽源和长春的漏损水量占比超过了30%,也就是说30%以上的供水都白白漏损了,这不得不说是极大的浪费和损耗。

哈长城市群2005～2012年各城市各类供水量占全部供水量的比重（单位：%）　表4-28

城市	生产经营用水占比			公共服务和居民家庭用水占比			漏损水量占比		
	2005年	2012年	二者之差	2005年	2012年	二者之差	2006年	2012年	二者之差
哈尔滨	34.0	16.7	−17.3	50.0	57.3	7.3	15.8	20.3	4.6
大庆	54.4	57.5	3.0	39.9	25.6	−14.2	16.4	15.2	−1.2
佳木斯	47.5	39.5	−8.0	51.3	28.8	−22.5	13.5	24.1	10.5
牡丹江	24.6	72.5	47.9	47.5	11.2	−36.3	12.3	14.7	2.4
齐齐哈尔	31.4	22.7	−8.7	68.0	46.4	−21.6	13.5	21.0	7.4
绥化	48.5	19.4	−29.1	50.9	72.4	21.6	0.1	8.1	8.1
伊春	33.7	42.3	8.6	45.7	41.4	−4.3	0.4	7.9	7.5
长春	25.2	21.7	−3.5	71.6	44.7	−27.0	27.9	34.4	6.6
吉林	87.7	60.6	−27.1	6.6	24.0	17.4	5.0	14.2	9.1
辽源	36.1	24.0	−12.1	31.5	31.1	−0.3	39.8	45.6	6.2
松原	17.4	32.0	14.6	73.0	49.2	−23.8	3.8	12.1	8.4
四平	37.2	36.4	−0.7	44.2	42.6	−1.6	5.7	7.1	1.5

4.城市供水价格

由表4-29和图4-22可以看出,2005～2012年期间,哈长城市群中,大庆、牡丹江、吉林、佳木斯、辽源、长春和伊春7城市居民家庭生活用水价格（不含水资源费和污水处理费）没有变化,哈尔滨、齐齐哈尔、松原、绥化4城市均有不同程度的提高,四平市是唯一水价呈现下跌趋势的城市。居民生活用水价格最高的城市是吉林,其次为长春、绥化、松原、哈尔滨、牡丹江、四平、齐齐哈尔、伊春,最低为大庆、佳木斯和辽源,水价均价均为1元/立方米。

哈长城市群 2005 ~ 2012 年各城市居民家庭生活自来水价格（单位：元／立方米） 表 4-29

城市＼年份	2005 年	2006 年	2007 年	2008 年	2009 年	2010 年	2011 年	2012 年
哈尔滨	1.8	1.8	1.8	1.8	2.4	2.4	2.4	2.4
大庆	1	1	1	1	1	1	1	1
佳木斯	1	1	1	1	1	1	1	1
牡丹江	2	2	2	2	2	2	2	2
齐齐哈尔	1	1	1	1	2.2	2.5	2.2	2.2
绥化	2.1	2.1	2.1	2.1	2.1	2.6	2.6	2.6
伊春	1.5	1.5	1.5	1.5	1.5	1.5	1.5	1.5
长春	2.5	2.5	2.5	2.5	2.5	2.5	2.5	2.5
吉林	2.98	2.98	2.98	2.98	2.98	2.98	2.98	2.98
辽源	1	1	1	1	1	1	1	1
松原	1.85	1.85	1.85	1.85	2.5	2.5	2.5	2.5
四平	2.1	2.1	1.6	1.6	1.6	1.6	1.6	1.6

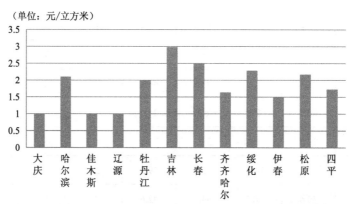

（单位：元/立方米）

图 4-22　哈长城市群 2005 ~ 2012 年居民家庭生活自来水平均价格

（三）哈长城市群各城市用水特征评价与结果分析

1. 各数据的平均数和方差分析

为分析哈长城市群用水需求，首先就各城市人均可支配收入、第三产业总值、建成区面积、自来水价格与人均可支配收入比、常住人口、户均人数等各指标进行描述性统计，计算了 2005 ~ 2012 年期间数据的平均数和方差，见表 4-30、表 4-31。

分析后发现：（1）哈长城市群集中发展长春的态势明显，次要发展城市为大庆、松原。原先家庭人口较多而近年快速朝向小家庭化发展的城市是牡丹江、佳木斯、辽源。（2）供水基础设施建设以哈尔滨变动幅度最大；其次是伊春、长春、大庆、牡丹江、辽源、佳木斯、吉林。人均日生活用水量大幅变动的城市，主要发生在快速都市化的城市。居民用水水价变动与人均日生活用水量变动较大的城市较为不同，说明水价可能有助稳定人均日生活用水量变动。气温与降雨量变动不存在一定的依存关系。

2. 城际变化趋势分析

由图 4-23 观察发现，各变量在城市之间的变化可分为四大类型。第一类是以哈尔滨、长春大规模领先的变量，其中，代表用水的变量，计有生活用水量；代表经济的变量，计有第三产业产值。第二类是呈现各城市规模依序递减的变量，计有人均日生活用水量。第三类是各城市间差异性小的变量，包括城市建成区面积、常住人口、户均人口、水价、气温、雨量、人均可支配收入。第四类是各城市间差异性大的变量，计有供水总量、水价与人均可支配收入比、综合生产能力、供水管网长度。上述四大类型变化说明哈长城市群用水具有以下特征。

第一，以长春、哈尔滨、吉林为经济发展与供水基础设施建设的核心。哈长城市群在经济发展上呈现两极化发展，长春、哈尔滨和吉林略为领先其他城市；这也影响到三个城市在供水行业发展的各个方面处于领先趋势。规模化会影响到供水行业在技术方面的研发经费总量，因此哈长城市群中长春、哈尔滨和吉林在供水总量、综合生产能力、供水管网长度上遥遥领先，各城市的城市供水行业差异大。哈长城市群应致力发展区域内供水技术发展的领头城市，同时带动其他城市的发展。

第二，应致力改善城际人均日生活用水量差异。常住人口以及户均人口在城市之间的差异均小，差异性明显小于生活用水总量。由于用水量来自人均日生活用水量乘以常住人口，这也表明人均日生活用水量在各城市间的差异性必定较大。维持个人每日基本生活所必需使用的用水量应当相近，因此对哈长城市群来说，应当致力于减少城际间人均日生活用水量的差异性，共同降低各城市的人均日生活用水量。

第三，水价定价未充分考虑当地人均可支配收入。应当维持水平相近的变量，还包括水价与人均可支配收入比。这项指标意指水价的合理性，高水价与人均可支配收入比，有助于节约用水，反之，低水价与人均可支配收入比，会影响水价对用水量的调节能力。然而，在哈长城市群中，城际之间的水价与人均可支配收入比差异较大，这也说明城市群内的水价定价不够合理，未考虑人均可支配收入。

2005 ～ 2012 年哈长城市群各变量变化较大的前三位城市　　　　表 4-30

变量	城市	变量	城市
人均可支配收入	大庆、长春、松原	第三产业总值	长春、齐齐哈尔、松原
城市建城区面积	齐齐哈尔、长春、大庆	户均人数	牡丹江、绥化、佳木斯、
常住人口	哈尔滨、长春、松原	降雨量	齐齐哈尔、长春、伊春
气温	长春、哈尔滨、齐齐哈尔	居民用水价格	佳木斯、齐齐哈尔、松原
人均日生活用水量	牡丹江、大庆、齐齐哈尔	供水总量	吉林、牡丹江、大庆
供水管网长度	哈尔滨、伊春、长春	日综合生产能力	牡丹江、哈尔滨、大庆

哈长城市群各城市用水变量描述性统计分析

表4-31

城市		人均日生活用水量（单位：升）	供水总量（单位：万吨）	居民用水水价（单位：元）	水价人均可支配收入比	综合生产能力（单位：万立方米/日）	供水管道长度（单位：公里）	气温（单位：摄氏度）	降雨量（单位：毫米）
大庆	平均	190.42	28903.81	1.00	0.00007	163.71	1475.54	4.66	437.11
	方差	1588.40	11969326.25	0.00	0.0000000011	359.80	22609.94	0.41	4411.51
哈尔滨	平均	165.14	38362.30	2.10	0.00020	194.82	1593.49	4.24	523.55
	方差	360.19	5178891.15	0.10	0.0000000014	1387.62	83030.77	0.81	6212.06
佳木斯	平均	141.71	8088.13	1.00	0.00010	44.90	556.03	3.94	663.49
	方差	1050.19	584544.98	4228.00	0.00000000076	1.03	3867.81	0.00	0.71
辽源	平均	63.54	2761.38	1.00	0.00008	19.50	269.38	4.50	457.80
	方差	396.99	322274.84	0.00	0.0000000048	49.14	5008.84	0.00	0.00
牡丹江	平均	130.14	34643.92	2.00	0.00022	144.44	544.00	4.93	519.44
	方差	2249.58	186883943.29	0.00	0.0000000054	2862.21	5014.29	0.62	10352.73
吉林	平均	120.21	40249.38	2.98	0.00034	405.31	1159.68	5.16	643.13
	方差	15.37	747818761.70	0.00	0.0000000050	157.35	3557.81	0.30	9866.50
长春	平均	146.40	30568.99	2.50	0.00017	111.10	1840.88	6.19	638.83
	方差	357.89	6279598.47	0.00	0.0000000024	30.28	30161.84	0.84	19494.56
齐齐哈尔	平均	117.68	8425.99	1.64	0.00014	40.18	1031.21	4.56	513.40
	方差	1550.55	3770859.09	0.47	0.0000000012	43.59	425.11	0.77	25366.33

续表

城市		人均日生活用水量（单位：升）	供水总量（单位：万吨）	居民用水水价（单位：元）	水价人均可支配收入比	综合生产能力（单位：万立方米/日）	供水管道长度（单位：公里）	气温（单位：摄氏度）	降雨量（单位：毫米）
绥化	平均	114.98	1780.79	2.29	0.00031	20.23	392.63	4.02	514.18
	方差	235.91	179539.30	0.07	0.0000000043	0.36	1097.41	0.55	8545.47
伊春	平均	89.46	3883.83	1.50	0.00017	24.29	918.50	1.80	635.75
	方差	35.58	467085.17	0.00	0.0000000013	3.53	32985.35	0.46	15218.83
松原	平均	183.62	4314.88	2.18	0.00015	14.20	391.54	5.80	386.10
	方差	266.28	502593.84	0.12	0.0000000092	11.89	359.65	0.56	0.00
四平	平均	68.03	2384.70	1.73	0.00013	20.48	402.88	6.95	838.50
	方差	475.50	1126346.14	0.05	0.0000000037	2.70	1340.32	0.21	0.00

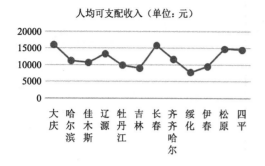

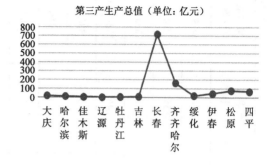

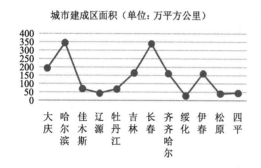

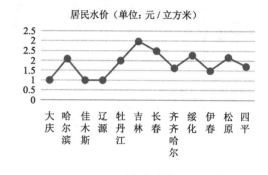

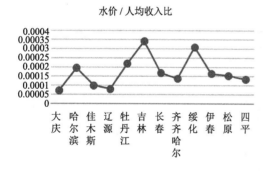

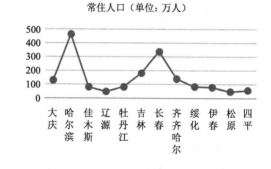

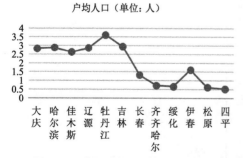

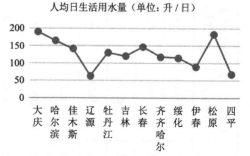

图 4-23　哈长城市群 2005 ～ 2012 年各城市社会经济与用水相关变量长期波动图（一）

供水总量（单位：万吨）

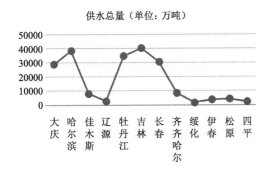

综合生产能力（单位：万立方米／日）

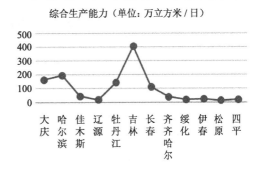

供水管网长度（单位：公里）

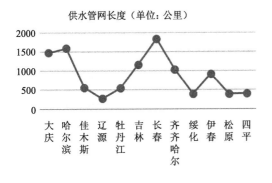

气温（单位：摄氏度）

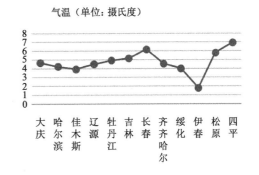

雨量（单位：毫米）

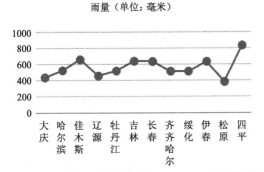

图 4-23　哈长城市群 2005 ～ 2012 年各城市社会经济与用水相关变量长期波动图（二）

3. 用水特征分析

在对社会经济和供水相关数据进行描述性统计分析和数据检验的基础上，利用第二章构建的两个用水需求预测模型，分析哈长城市群各城市用水特征。由于大庆、四平的人均日生活用水量在 2005 年有较大幅度的变化，牡丹江、吉林、四平的供水总量分别在 2005、2006、2007 年有较大幅度的变化，影响模型的稳定性，因此在分析时删除大庆、牡丹江、吉林、四平。表 4-32 是面板模型分析结果。

各模型计算结果显示，哈长城市群是典型的人均日生活用水量与社会经济变化不存在明显规律的地区，导致常住人口显著提高城市的供水总量；模型Ⅰ说明常住人口显著正向影响供水总量；模型Ⅱ则显示其他变量均无法显著约束人均日生活用水量，虽然第三产业的发展相对其他城市群较不繁荣，对扩大人均日生活用水量的效果不明显，但其他城市化变量对用水的约束力也不足。

哈长城市群面板模型Ⅰ-Ⅱ分析结果　　　　　　　　　　表4-32

变量	模型Ⅰ	模型Ⅱ
	系数（p值）	系数（p值）
城市建成区面积	−0.13 （0.32）	
人均可支配收入	0.25 （0.15）	−0.12 （0.43）
常住人口	0.96 （0.00）	
水价／人均可支配收入	−491.79 （0.53）	−706.04 （0.47）
气温	0.07 （0.56）	−0.0056 （0.97）
雨量	0.09 （0.55）	−0.13 （0.44）
第三产业总值		0.00089 （0.89）
户均人口		0.11 （0.14）
R-squared within	0.26	0.09
R-squared between	0.82	0.18

综上所述，哈长城市群用水总体特征为：节水行为有待进一步推进，需要再强化城市化对人均日生活用水量的约束作用，同时，水价也应再调整，以提高水价的约束力，减少人口扩张对供水总量的需求。

四、武汉城市圈用水状况评价

（一）武汉城市圈概况

武汉城市圈指包括湖北省境内以武汉市为核心的诸多城市构成的城市群，包括武汉、咸宁、鄂州、黄冈、黄石、荆门、荆州、襄阳、孝感、宜昌、仙桃、潜江、天门共13个城市。由于数据可获性和影响效果等综合因素，本书研究其中10个城市，以及随州和十堰两个城市，合计12个城市。武汉城市圈水源、水系、降水量、水资源总量以及人均水资源量等基本状况评价如表4-33所示。

武汉城市圈水资源基本状况　　　　　　　　　　表4-33

城市	水源	水系	降水量 (单位：毫米)	水资源总量 (单位：亿立方米)	人均水资源量 (单位：立方米)
武汉	长江	长江	1205	44.22	437
咸宁	长江	长江	1577.4	103.59	4183
随州	长江	长江	865～1070	8.48	389
鄂州	长江	长江	1282.8	10.66	1012
黄冈	长江	长江	1221	87.46	1404
黄石	长江	长江	1382.6	37.21	1524
荆门	长江	长江	696.9	20.09	696
荆州	长江	长江	1100～1300	72.87	1274
十堰	长江	长江	800	66.62	1984
襄阳	长江	长江	878.3	40.46	729
孝感	长江	长江	1040～1230	19.89	411
宜昌	长江	长江	1215.6	92.41	2260

(二)武汉城市圈2005～2012年期间用水状况比较

本书对武汉城市圈2005～2012年期间各个城市供水相关指标的绝对值进行横向比较，期望得到一些该城市群用水状况的直观结论。

1.城市供水能力

由表4-34可知，2005～2012年期间，武汉城市圈12个城市中，供水量呈现增长趋势的城市有武汉和黄冈，其他城市的供水总量保持平稳或呈现递减趋势，表明这一时期武汉城市圈可能因为人口迁出、经济发展滞后、用水绩效提高导致的城市供水量下降。2012年相比于2005年，供水量减少量位于前三位的城市依次是鄂州、黄石、宜昌。武汉城市圈中，2012年武汉市供水量处于领先地位，2012年达到12亿吨，其他城市的供水量都远远落后于武汉市。由图4-24可知，2005～2012年期间，武汉城市圈各城市按照供水量多少可以分为三个梯队，第一梯队只有武汉一个城市；第二梯队包括的城市有鄂州、黄石、十堰、襄阳、宜昌，年均供水总量超过1亿吨；第三梯队包括的城市有咸宁、随州、黄冈、荆门、荆州和孝感，其中孝感和咸宁年均供水总量3100多万吨。

武汉城市圈2005～2012年各城市供水总量(单位：万吨/年)　　表4-34

年份 城市	2005年	2006年	2007年	2008年	2009年	2010年	2011年	2012年
武汉	96096	86447	102927	111153	110319	111964	120051	121552
咸宁	2880	2895	3580	3694	3712	3257	2660	2837

续表

年份 城市	2005年	2006年	2007年	2008年	2009年	2010年	2011年	2012年
随州	7141	3048	3031	3303	3318	3318	3722	3756
鄂州	25445	47746	6222.6	6304.7	6021	6561	6668	3835
黄冈	858	3810	3820	3880	3873	3896	4176	4066
黄石	19780	14463	13916	13001	12933	13038	13038	13919
荆门	7361	6948	7306	6926	7408	7770	7824.95	7262
荆州	8841	8494	10986	8912	7779.7	7595	7621.6	8220.1
十堰	12022	13638	13010	11250	11029	11494	9957.12	9749.2
襄阳	16508	13888	13866	13979	13581.1	15433	16083.3	16077.9
孝感	3596	2909	2921	2928	2933.8	2947	3177.7	3467.1
宜昌	14846	13586	10267	10709	10220.8	9906	10755.3	11076.6

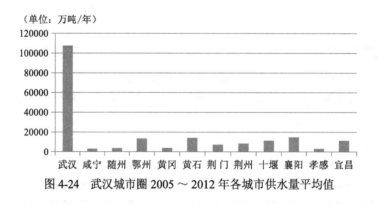

图 4-24　武汉城市圈 2005～2012 年各城市供水量平均值

　　表 4-35 和图 4-25 数据显示，2012 年相较于 2005 年，武汉城市圈除荆州和孝感外，各个城市的公共供水比重都呈增长趋势，鄂州增长率接近 70%。从 2012 年公共供水占城市供水总量比重来看，除去十堰、黄石、荆门三个城市外，武汉城市圈其他城市的公共供水占比都比较高，反映出该城市群自来水厂和供水网络投资与建设状况比较完备。由图 4-26，2005～2012 年期间武汉城市圈的城市供水增长率和公共供水增长率都呈增长趋势，其各年份的公共供水增长率均高于城市供水增长率，说明武汉城市圈在此期间对供水基础设施投资与建设力度较大。

武汉城市圈 2005～2012 年各城市公共供水占城市供水总量的比重（单位：%）　　表 4-35

年份 城市	2005年	2006年	2007年	2008年	2009年	2010年	2011年	2012年
武汉	83.1	93.1	86.2	86.9	88.5	89.4	91.3	91.1
咸宁	100	100	100	100	100	100	100	100

续表

年份 城市	2005 年	2006 年	2007 年	2008 年	2009 年	2010 年	2011 年	2012 年
随州	76	100	100	100	100	100	104.6	100
鄂州	11.8	55	67.9	69.9	70.9	73.0	43.2	79.1
黄冈	100	100	100	100	100	100	100	100
黄石	48.1	54.9	55.5	54.3	54.5	54.3	60.2	59.9
荆门	48.9	46.6	44.5	48.2	51.1	52.1	52.7	59.7
荆州	98.8	98.8	99.1	98.9	98.7	98.7	98.7	91.1
十堰	25.3	28.1	28.7	27.9	29.5	32.2	33.7	36.9
襄阳	74.0	85.9	86.4	86.5	86.8	84.4	85.0	85.0
孝感	74.1	67.9	67.9	68.0	68.8	69.5	72.2	72.1
宜昌	69.8	68.6	92.3	78.9	77.4	88.0	89.3	89.3

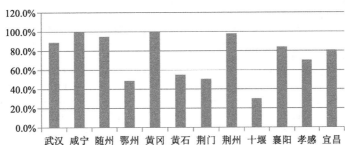

图 4-25　武汉城市圈 2005 ～ 2012 年各城市平均公共供水量占全部供水量比重

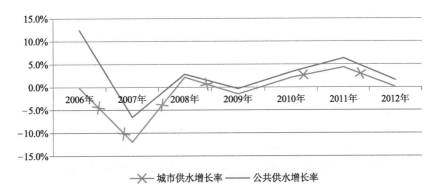

图 4-26　武汉城市圈 2006 ～ 2012 年城市供水和公共供水增长率

从表 4-36 看出，2005 ～ 2012 年期间武汉城市圈各城市自来水生产能力，除武汉、黄冈、荆门、十堰、襄阳和孝感外，其他城市均有不同程度的下降。2012 年相较于 2005 年，武汉日均综合生产能力增长量最大，增长量达到 87 万吨 / 日，充分显示出武汉经济发展和人口集聚对用水需求的增长幅度;而增长率最大的城市是孝感市,增幅达到73%。在同一时期,日均综合生产能力下降较大的城市有鄂州、宜昌、荆州。由图4-27可知,2005～2012年期间武汉城市圈供水日均综合生产能力最高的是武汉,是排在第二名的襄阳日供水能力的4倍,属于一枝独秀。

武汉城市圈2005～2012年各城市日综合生产能力(单位:万吨/日)　　表4-36

城市＼年份	2005年	2006年	2007年	2008年	2009年	2010年	2011年	2012年
武汉	388.8	364	424.86	455.52	452.45	473.3	475.63	475.56
咸宁	18	18	18	19	19	16	16	16
随州	34.56	28	28	28	28	28	28.17	26
鄂州	86.6	154.5	20	20	20	23	24	24
黄冈	23	23	23	23	23	23	23	23
黄石	94	94.1	94.1	94.1	94.1	86.6	86.6	72.7
荆门	39.4	42.9	42.9	42.9	42.9	48.2	48.2	48.2
荆州	73.5	73.5	73.5	73.5	73.5	73.5	73.5	57
十堰	40.6	40.6	40.6	40.6	41.22	42.7	49.72	49.22
襄阳	100.2	102.1	102.08	102.08	102.08	102.1	102.08	102.58
孝感	16.3	14.5	14.5	14.5	29	28.5	28.1	28.2
宜昌	127.6	122.7	84.5	88.74	82.99	71.2	76.2	76.2

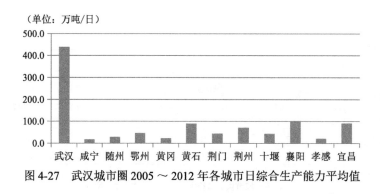

图4-27　武汉城市圈2005～2012年各城市日综合生产能力平均值

从表4-37和图4-28可知,2012年相比于2005年,武汉市是武汉城市圈14个城市中供水管网最长的城市,显示出武汉经济发展和城市规模扩张速度之快,以及用水人口增加之多,是其他城市无法比拟的。从供水管网增幅绝对值来看,武汉、荆州和宜昌三个城市增长幅度最大;从增长率来看,荆州、咸宁和武汉增长率名列前三位。

武汉城市圈 2005 ～ 2012 年各城市供水管网长度（单位：公里）　　表 4-37

年份 城市	2005 年	2006 年	2007 年	2008 年	2009 年	2010 年	2011 年	2012 年
武汉	6130	6230	8208	8860.5	9348	9757	10141	10771
咸宁	154	176	154	155.7	158.3	240	270	286
随州	414	250	283	204	204	445	718.6	616
鄂州	546	943	690	835	875	997	757	817
黄冈	203	211	217.1	223.1	227.1	239	253.1	261
黄石	610	617	626	636	669	745	838	771
荆门	455	370	403	413	428	475	485	500
荆州	725	1016	1072	1072	1207	1208	1268	1361
十堰	308	343	352	375	431	442	498	450
襄阳	597	638	655	656	656	688	741	828
孝感	287	287	287	289	321	335	335.46	396
宜昌	890	910	826	875	1072	986	1265	1332

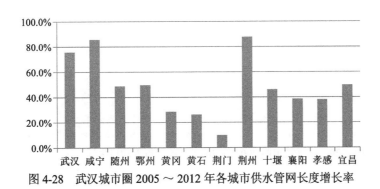

图 4-28　武汉城市圈 2005 ～ 2012 年各城市供水管网长度增长率

2. 人均日生活用水量

由表 4-38 和图 4-29 可知，武汉城市圈各城市的人均日生活用水量，2012 年相比于 2005 年，除了黄冈和随州 2 个城市，其他 12 个城市都呈减少趋势。从绝对值上看，减少量最大的前三个城市依次是黄石、宜昌和鄂州；从增长率上看，降低幅度最大的两个城市依次是宜昌和咸宁。以 2012 年数据来看，人均日生活用水量较低的城市为咸宁和随州，人均生活用水量最大的城市是武汉市。以 2005 ～ 2012 年期间平均数据来看，武汉、鄂州、十堰三个城市人均日生活用水量较高，分列前三位。整体上该城市群可能由于气候原因，整体人均日生活用水量都比较高。

武汉城市圈 2005～2012 年各城市人均日生活用水总量（单位：升/日）　　　表 4-38

城市 \ 年份	2005 年	2006 年	2007 年	2008 年	2009 年	2010 年	2011 年	2012 年
武汉	362.03	310.03	288.79	269.06	255.92	256.18	283.34	297.56
咸宁	240.64	188.28	172.65	176.26	176.96	160.18	128.68	126.46
随州	119.26	156.63	140.11	147.68	147.86	147.86	167.01	135.58
鄂州	348.04	360.48	353.15	279.76	262.82	280.86	193.17	200
黄冈	209.6	284.03	266.75	269.82	267.17	260.46	250.36	249
黄石	459.33	213.92	219.39	218.8	225.01	220.28	242.17	242
荆门	209.41	287.56	260.57	251.42	232.6	201.03	169.61	160
荆州	213.5	175.02	172.22	172.94	169.62	169.93	170.39	170
十堰	286.6	322	334.04	277.85	260.37	279.12	244.06	242
襄阳	271	249.55	238.88	227.5	221.24	247.51	253.51	252
孝感	241.43	187.89	186.94	187.86	188.02	190.06	156.01	156
宜昌	315.16	184.43	302.66	179.59	180.36	129.19	142.69	158

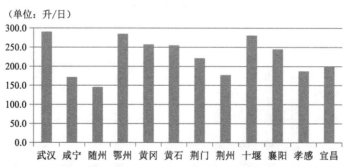

图 4-29　武汉城市圈 2005～2012 年各城市人均日生活用水量平均值

3. 城市供水结构

2005～2012 年期间武汉城市圈各城市用水结构变化情况见表 4-39。数据显示，2012 年相较于 2005 年，除荆门市生产经营用水增加 0.5% 外，其他城市都是或多或少呈现降低趋势，这表明一方面整个城市群的工业部门采取了有效的节约用水措施，减少了用水量；另一方面，绝大部分城市由于城市人口增加和经济发展，增加了公共用水和居民家庭用水量。2012 年，生产经营用水占城市供水总量比重超过 30% 的城市有黄石、荆门、十堰和孝感。同期，公共服务用水和居民家庭用水占比呈增长趋势的城市有随州、鄂州和十堰三个城市，鄂州提高最多，增长幅度达到 58.2%；其他城市呈现递减趋势。2012 年，除荆门外，其他城市该占比均超过 40%。

从表 4-39 可以看出，武汉城市圈漏损水量占比增高的城市多达 10 个，占城市群城市总数的 71%，只有武汉、咸宁和荆州略减少，显示该城市群供水管网系统需要及时监测和查找漏损原因，以降低漏损水量。2012 年，漏损水量占城市供水总量比重超过 15% 的城市有咸宁、随州、襄阳和宜昌。

武汉城市圈 2005 ～ 2012 年各城市各类别用水量占全部供水量的比重（单位：%）　表 4-39

城市＼年份	生产经营用水占比			公共服务和居民家庭用水占比			漏损水量占比		
	2005 年	2012 年	二者之差	2005 年	2012 年	二者之差	2006 年	2012 年	二者之差
武汉	36.2	22.7	−13.5	61.2	56.0	−5.2	17.7	12.7	−5.1
咸宁	29.5	8.8	−20.7	68.9	52.1	−16.9	34.7	23.5	−11.2
随州	64.4	20.4	−44.0	34.4	46.1	11.7	6	28.0	21.7
鄂州	78.8	11.1	−67.6	19.9	78.2	58.2	2.6	3.7	1.0
黄冈	22.4	18.7	−3.7	71.5	64.9	−6.6	0.7	10.0	9.3
黄石	40.6	30.9	-9.8	57.1	46.1	−11.0	4.7	6.3	1.6
荆门	46.9	47.4	0.5	48.1	36.9	−11.2	6.9	12.8	5.9
荆州	24.3	17.4	−6.9	73.3	56.2	−17.1	32.8	18.6	−14.2
十堰	54.0	41.4	−12.5	45.7	48.5	2.8	6.0	8.8	2.8
襄阳	31.5	14.7	−16.8	48.9	48.1	−0.8	16.6	28.8	12.1
孝感	30.6	30.0	−0.6	68.1	60.8	−7.2	3.7	7.9	4.2
宜昌	37.7	25.8	−11.9	61.3	41.9	−19.4	12.4	17	4.9

4. 城市用水价格

由表 4-40 和图 4-30 可以看出，2005 ～ 2012 年期间，武汉城市圈中，武汉、鄂州、十堰、孝感、宜昌、咸宁城市居民家庭生活用水价格（不含水资源费和污水处理费）未变化，黄冈、黄石、荆门、荆州、襄阳、随州均有不同程度的上升。居民生活用水价格最高的城市是荆门，整体上该城市群居民家庭用水价格十分便宜，襄阳和十堰最低，水价不足 1 元 / 立方米，反映出湖北地区水资源丰富的特征。

武汉城市圈 2005 ～ 2012 年各城市居民家庭生活自来水价格（单位：元 / 立方米）　表 4-40

城市＼年份	2005 年	2006 年	2007 年	2008 年	2009 年	2010 年	2011 年	2012 年
武汉	1.1	1.1	1.1	1.1	1.1	1.1	1.1	1.1
咸宁	1.07	1.07	1.07	1.07	1.45	1.45	1.45	1.45
随州	1.12	1.12	1.12	1.2	1.2	1.2	1.2	1.2
鄂州	1.06	1.06	1.06	1.06	1.06	1.06	1.06	1.06

续表

年份 城市	2005年	2006年	2007年	2008年	2009年	2010年	2011年	2012年
黄冈	1.04	1.04	1.04	1.32	1.32	1.32	1.32	1.32
黄石	0.9	0.9	1.15	1.15	1.15	1.15	1.15	1.15
荆门	1.38	1.38	1.38	1.38	1.38	1.38	1.62	1.62
荆州	1	1	1.07	1.07	1.07	1.07	1.3	1.3
十堰	1.1	1.1	1.1	1.1	1.1	1.1	1.1	1.1
襄阳	0.7	0.7	1	1	1	1	1	1
孝感	1.05	1.05	1.05	1.05	1.05	1.05	1.05	1.05
宜昌	1.12	1.12	1.12	1.12	1.12	1.12	1.12	1.12

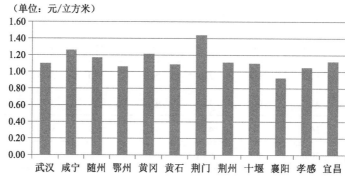

图4-30 武汉城市圈2005～2012年各城市居民家庭生活自来水平均价格

（三）武汉城市圈各城市用水特征评价与结果分析

1. 各数据的平均数和方差分析

为分析武汉城市圈各城市用水需求，首先就各城市人均可支配收入、第三产业总值、建成区面积、居民家庭用水价格与人均可支配收入比、常住人口、户均人数等各指标进行描述性统计，计算了2005～2012年期间数据的平均数和方差，见表4-41、表4-42。

2005～2012年武汉城市圈各变量变化较大的前三位城市   表4-41

变量	城市	变量	城市
人均可支配收入	随州、黄冈、宜昌	第三产业总值	武汉、襄阳、宜昌
城市建城区面积	武汉、荆州、襄阳	户均人数	十堰、孝感、黄石
常住人口	武汉、荆州、黄冈	降雨量	黄石、咸宁、荆门
气温	宜昌、武汉、荆州	居民用水价格	荆州、黄冈、襄阳
人均日生活用水量	黄石、宜昌、鄂州	供水总量	鄂州、武汉、黄石
供水管网长度	武汉、荆州、随州	日综合生产能力	鄂州、武汉、宜昌

武汉城市圈各城市用水变量描述性统计分析

表 4-42

城市		人均日生活用水量（单位：升/日）	供水总量（单位：万吨）	居民用水水价（单位：元/立方米）	水价人均可支配收入比	综合生产能力（单位：万立方米/日）	供水管道长度（单位：公里）	气温（单位：摄氏度）	降雨量（单位：毫米）
武汉	平均	290.36	107563.75	1.14	0.000070	438.77	8680.88	17.43	1147.63
	方差	1205.02	141481435.42	0.01	0.00000000080	1807.60	2982684.85	0.76	30642.72
鄂州	平均	284.79	13600.42	1.06	0.000089	46.51	807.50	17.85	1199.03
	方差	4358.52	237756664.14	0.00	0.00000000058	2420.50	20630.29	0.23	36686.45
黄冈	平均	257.15	3918.38	1.18	0.00011	23.00	229.31	16.53	1188.46
	方差	494.30	17450.27	0.02	0.0000000010	0.00	412.92	0.21	42949.93
黄石	平均	255.11	14261.00	1.09	0.00008	89.54	688.94	17.00	1351.29
	方差	6922.17	5297067.08	0.01	0.00000000028	57.71	7226.26	0.00	58760.93
荆门	平均	221.53	7350.74	1.44	0.00012	44.45	441.13	15.95	974.06
	方差	1992.69	108074.77	0.01	0.00000000068	11.04	2029.55	0.04	56254.85
荆州	平均	176.70	8556.12	1.22	0.00010	71.44	1116.33	16.75	1099.00
	方差	224.56	1232539.38	0.11	0.0000000014	34.03	38151.71	0.24	22881.02
十堰	平均	280.76	11518.67	0.90	0.000068	43.16	399.89	15.66	891.53
	方差	1121.39	1835851.70	0.00	0.00000000013	15.71	4212.28	0.11	13790.14
襄阳	平均	245.15	14927.10	0.93	0.000076	101.91	682.34	15.55	884.05
	方差	247.50	1475992.36	0.02	0.00000000011	0.51	5141.77	0.13	15978.32

续表

城市		人均日生活用水量（单位：升/日）	供水总量（单位：万吨）	居民用水水价（单位：元/立方米）	水价人均可支配收入比	综合生产能力（单位：万立方米/日）	供水管道长度（单位：公里）	气温（单位：摄氏度）	降雨量（单位：毫米）
孝感	平均	186.78	3109.91	1.05	0.000088	21.70	317.23	15.94	995.24
	方差	699.36	76467.20	0.00	0.0000000000077	52.49	1495.30	0.07	36270.62
宜昌	平均	199.01	11420.85	1.12	0.000088	91.27	1019.55	17.15	1150.65
	方差	4985.75	3221968.30	0.00	0.0000000000063	469.36	35589.38	1.09	22950.56
咸宁	平均	171.26	3189.38	1.07	0.00010	17.50	199.25	17.00	1351.29
	方差	1300.79	181674.27	0.00	0.0000000000058	1.71	3200.13	0.00	58760.93
随州	平均	145.25	3829.63	1.17	0.00010	28.59	391.83	15.55	884.05
	方差	202.56	1861685.98	0.00	0.0000000000010	6.32	37552.76	0.13	15978.32

分析后发现：（1）武汉城市圈集中发展武汉的态势明显，原先家庭人口较多而近年快速朝向小家庭化发展的城市是十堰、孝感、黄石。（2）供水基础设施建设以武汉变动幅度最大；其次是鄂州、随州。人均日生活用水量大幅变动的城市，主要发生在次要发展城市或快速都市化的城市。居民用水价格变动与人均日生活用水量变动较大的城市不同，说明水价可能有助稳定人均日生活用水量变动。气温与降雨量变动不存在一定的依存关系。

2. 城际变化趋势分析

由图 4-31 观察发现，各变量在城市之间的变化可分为四大类型。第一类是以武汉大规模领先的变量，其中，代表用水的变量，计有供水总量、综合生产能力、供水管网长度；代表经济的变量，计有第三产业产值、建成区面积。第二类是各城市差异性较小的变量，计有水价、人均可支配收入、户均人口、雨量。第三类是呈现各城市规模依序递减的变量，计有常住人口。第四类是各城市间差异性大的变量，包括人均日生活用水量、水价与人均可支配收入比、气温。上述四大类型变化说明城市群的以下特征。

第一，以武汉为经济发展与水基础设施建设的核心。武汉城市圈在经济发展上呈现两极化发展，武汉遥遥领先其他城市；这也影响到生活用水总量以及供水基础设施建设的规模，呈现武汉大规模领先。规模化会影响到供水行业在技术方面的研发经费总量，因此，两极化发展也表明，除了武汉之外，其他城市的城市供水行业发展能力受限。武汉应致力扮演好区域内供水技术发展的主要角色。

第二，应致力改善城际人均日生活用水量差异。常住人口在各城市之间依序递减，差异性明显小于生活用水总量以及供水基础设施建设的规模。由于用水量来自人均日生活用水量乘以常住人口，这也表明人均日生活用水量在各城市间的差异性必定较大。维持个人每日基本生活所必需的用水量应当相近，因此对武汉城市圈来说，应当致力于减少城际间人均日生活用水量的差异性，共同降低各城市的人均日生活用水量。

第三，水价定价未充分考虑当地人均可支配收入。应当维持水平相近的变量，还包括水价与人均可支配收入比。这项指标意指水价的合理性，高水价与人均可支配收入比，有助于节约用水，反之，低水价与人均可支配收入比，会影响水价对用水量的调节能力。然而，在武汉城市圈中，城际之间的水价与人均可支配收入比差异较大，这也说明城市群内的水价定价不够合理，未考虑人均可支配收入。

3. 用水特征分析

在对社会经济和供水相关数据进行描述性统计分析和数据检验的基础上，利用第二章构建的两个用水需求预测模型，分析武汉城市圈各城市用水特征。由于黄石、宜昌的人均日生活用水量在 2005 年、2007 年有较大幅度的变化，随州、鄂州市的供水总量分别在 2005 年、2011 年有较大幅度的变化，影响模型的稳定性，因此在分析时删除随州、鄂州、黄石和宜昌。表 4-43 是面板模型分析结果。

各模型计算结果解释如下：（1）模型 I 说明水价对供水总量需求的约束力较小，水价/人均可支配收入愈高，反而对供水总量需求愈大。（2）模型 II 进一步说明该原因，人均日生活用水量虽然会受到人均可支配收入的约束，然而由于水价对用水行为的约束力不足，导致水价/人均可支配收入越高，反而人均日生活用水量越大。这就导致水价/人均可支配收入拉动供水总量上升。

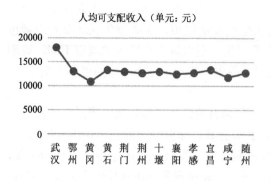

人均可支配收入（单元：元）

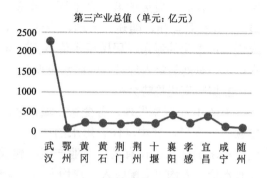

第三产业总值（单元：亿元）

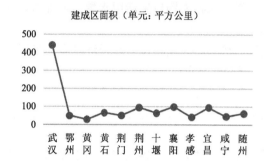

建成区面积（单元：平方公里）

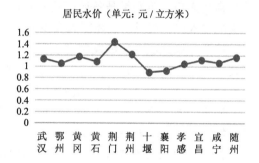

居民水价（单元：元／立方米）

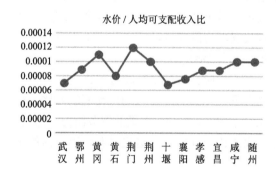

水价／人均可支配收入比

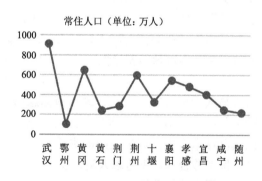

常住人口（单位：万人）

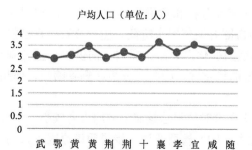

户均人口（单位：人）

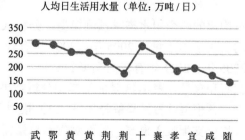

人均日生活用水量（单位：万吨／日）

图 4-31　武汉城市圈 2005～2012 年各城市社会经济与用水相关变量长期波动图（一）

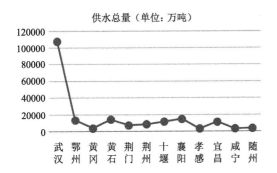

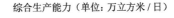

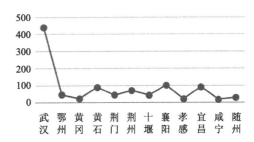

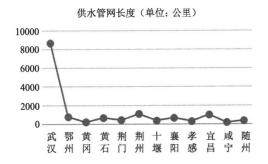

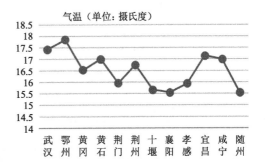

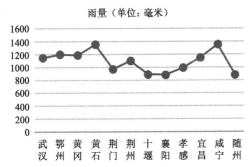

图 4-31 武汉城市圈 2005 ~ 2012 年各城市社会经济与用水相关变量长期波动图（二）

武汉城市圈用水特征面板模型 I-II 分析结果 表 4-43

变量	模型 I	模型 II
	系数（p 值）	系数（p 值）
城市建成区面积	−0.047 （0.28）	
人均可支配收入	−0.06 （0.31）	−0.46 （0.003）
常住人口	0.53 （0.11）	

续表

变量	模型 I	模型 II
	系数（p 值）	系数（p 值）
水价 / 人均可支配收入	0.21 (0)	0.15 (0.001)
气温	0.21 (0.66)	−0.40 (0.51)
雨量	−0.05 (0.44)	0.13 (0.18)
第三产业总值		−0.03 (0.71)
户均人口		−0.17 (0.21)
R-squared within	0.43	0.34
R-squared between	0.76	0.40

综上所述，武汉城市圈用水总体特征为：尽管城镇化仍在推进，但已对人均日生活用水量产生约束作用，人均可支配收入对降低人均日生活用水量的效果明显，水价政策修正将能进一步约束人均日生活用水量，实现供水总量减量的目标。

第五章 供水安全视角下城市群用水需求管理措施分析

一、成长型城市群用水特征总结

（一）用水总体特征

本书对京津冀、长江三角洲、珠江三角洲城市群 2005～2012 年期间用水状况进行了评价和分析，并得出以下六个方面的研究结论。

第一，城市群城市间供水能力存在明显的两极分化现象。三大城市群内部各城市之间供水能力的绝对值存在明显的两极分化现象，即一部分大城市和特大城市供水总量、供水管网长度、公共供水总量、日均综合生产能力占据绝对优势，是城市群内一些中小城市用水状况的几倍，甚至几十倍。不断加剧的人口集聚态势、第三产业发展增加了城市供水的需求，而经济发展总量降低、缺乏人口集聚优势、人口外流严重的中等城市，供水发展停滞状况比较明显。例如，2012 年北京市供水日综合生产能力是天津市的 3 倍，是廊坊的 74 倍。在供水能力的指标中，供水管网长度更能反映城市供水事业发展状况，其与城市建成区面积、城市扩张速度密切相关。例如，京津冀城市群的张家口、承德和天津，长江三角洲城市群的苏州、南通、扬州、常州，珠江三角洲城市群的东莞、江门、珠海和肇庆，这些城市的供水管网长度增长幅度都是其所在城市群处于领先地位的。张家口的供水管网长度 2012 年比 2005 年增长了 1.33 倍。在部分供水能力各指标的增长速度方面，也存在两极分化现象，即一部分城市增速很大，另一些城市则增速缓慢，甚至出现下滑趋势。以供水总量为例，京津冀城市群除张家口、承德、沧州之外其他 7 个城市，长江三角洲城市群除上海、常州和杭州之外的其他 13 个城市，珠江三角洲城市群除江门之外的其他 8 城市，供水总量都呈现明显的增长态势，而张家口、承德、沧州、上海、常州、杭州和江门这些城市则存在递减的趋势。

第二，各城市人均日生活用水量有很大差异。人均日生活用水量与用水绩效、收入水平、生活质量、自来水价格、节水技术、节水意识、供水精细化管理、供水管网监测等诸多因素密切相关。2012 年，京津冀城市群的人均用水量最低，均没有超过 190 升/日。长江三角洲城市群各个城市之间差距较大，从 128 升/日到 318 升/日之间，宁波和苏州都在 300 升/日以上，而上海市由于其精细化管理措施，其人均生活用水量仅为 186 升/日。珠江三角洲城市群人均生活用水量普遍较高，为 221 升/日～327 升/日，这一方面与气候有关，但也与用水的粗放管理相关。同在一个省份，深圳市人均用水量才 226 升/日，广州市却高达 313 升/日。从长期趋势上看，三大城市群内各个城市之间也存在两极分化现象，石家庄、承德、张家口、上海、南京、杭州、广州、深圳、佛山、江门、中山等一部分城市呈现减少态势，但是接近一半的城市呈现增加态势。

第三，城市群公共供水能力都有一定程度的提高。公共供水占城市总供水比重显示了一个城市的公共供水能力。从绝对值来看，以2012年公共供水占城市总供水比重为例，京津冀城市群平均值为76.54%，长江三角洲城市群为83.25%，珠江三角洲城市群高达99.33%。显然后两个城市群的市政供水能力高于京津冀城市群。

第四，在自来水价格方面，京津冀城市群由于位于十分缺水的华北地区，各个城市的水价都普遍高于长江三角洲城市群和珠江三角洲城市群。京津冀城市群居民家庭生活自来水最高价格是天津市的3.9元/立方米，长江三角洲城市群最高水价是舟山市2.9元/立方米，珠江三角洲城市群是深圳市2.3元/立方米。总体上，长江三角洲和珠江三角洲城市群各个城市的自来水价格都普遍偏低，最低的是南通市，一直保持1元/立方米，直到2012年才提升到1.28元/立方米。如此低廉的自来水价格不利于激励自来水企业弥补制水成本、提高成品水质量、节约用水、保护水资源。

第五，城市供水结构反映了城市群二、三产业结构、社会经济发展水平和人口集聚状况。生产经营用水、公共服务和家庭居民用水、漏损水量与城市供水总量的占比，京津冀城市群为31.4∶50.57∶12.8，长江三角洲城市群为35.6∶46.2∶11.2，珠江三角洲城市群为31.44∶47.4∶13.12。这组数据反映出京津冀城市群，特别是北京市作为全国政治、文化、教育、科技中心，该城市群表现出其公共服务和居民家庭生活用水占比明显超过另外两个城市群。长江三角洲城市群的生产经营用水占比高于另外两个城市群，显示该城市群第二产业发展具有一定的很强的实力。珠江三角洲城市群的漏损水量高于其他两个城市群，表明该城市群对供水管网系统的精细化管理有待加强。

第六，模型影响因素实证结论。三个城市群在现阶段的用水集约程度不同，京津冀城市群用水相对其他城市群集约；长江三角洲城市群的人均日生活用水量呈两极发展，常住人口愈多，人均日用水量愈少；珠江三角洲城市群用水粗放，收入持续增长是主要原因。而从总量来看，京津冀城市群的供水量增长，主要受到常住人口、经济增长以及人均日生活用水量的影响，控制人口增加以及减少人均日生活用水量，有助于减少用水量，进而减少供水总量。降雨也有助于缓解水资源不足。长江三角洲城市群主要与城市建成区面积增长有关，城市建成区面积愈大的城市生活用水总量愈高；珠江三角洲城市群主要受到收入的影响。因此，供水量的控制，可以从控制人口数量、降低日人均用水量以及水价调控着手。

（二）分城市群用水特征

1. 京津冀城市群

京津冀城市群位于华北平原，降雨量连年减少，地下水位持续降低。在多年舆论宣传引导下，该区域节水意识较强。京津冀城市群用水总体特征为：各城市之间的人均日生活用水量变化较大，高收入城市，人均日生活用水量较低，用水相对其他城市群更集约。北京和天津是城市群内的用水大户，两个城市应在供水行业技术发展方面投入更多研发费用，并带动整个城市群降低人均日生活用水量，从而降低整个城市群的供水总量。同时加强宣传，提高居民的生活素质及节水观念。

2. 长江三角洲城市群

长江三角洲城市群位于长江下游地区，水资源相对丰富。该城市群用水总体特征为：城市之间的人均日生活用水量差异大，人均可支配收入愈高的城市用水愈集约。而供水总量上升与城市建成区面积扩张有关，城市土地多元发展是主因，同时第三产业发展导致的用水量增长抵消掉了人均可支配收入增长所带动的城市用水集约效果。上海是长江三角洲的用水大户，但日人均生活用水量呈现递减趋势，总供水量也呈现递减趋势，前者 2012 年比 2005 年减少了 28.8%，供水总量减少了 7.69%。上海市强化供水管理精细化管理的经验和措施应该成为该城市群的标杆，并扮演区域内供水技术研发和管理方案供给的主要角色。

3. 珠江三角洲城市群

珠江三角洲城市群位于珠江流域，降雨量多，水资源丰富。该城市群在节水措施不明显、人均日生活用水量在水价约束力不足、人均收入丰厚对水价支出不敏感的情况下，存在用水粗放的状况，供水总量需求随着城市扩张以及人口迁入而增长。随着城镇化发展，该城市群供水总量持续增长，并需要不断建设供水基础设施以满足供水需求。

二、新兴城市群用水特征总结

（一）用水总体特征

本书对长株潭、成渝、哈长城市群和武汉城市圈 2005～2012 年用水状况进行了评价和分析，并得出以下五个方面的研究结论。

第一，城市群各城市间供水能力存在明显的两极分化现象。首先，四个城市群内部各个城市间反映供水能力的指标绝对值存在两极分化现象，即一部分大城市和特大城市供水总量、公共供水总量、供水管网长度、日均综合生产能力占据绝对优势。这些城市主要是省会城市、直辖市。例如长沙、重庆、成都、哈尔滨、大庆、长春、武汉。这些城市由于人口总量大、处于经济发展核心地位，其城市生活供水总量、日均综合生产能力、供水管网长度在所在城市群中处于遥遥领先地位。其次，从供水能力各指标的增长速度来看，也存在两极分化现象，即一部分城市增速很大，而经济发展总量降低、产业结构调整、缺乏人口集聚优势、人口外流严重的中等城市，出现了明显下降趋势。以供水总量为例，长株潭城市群 8 个城市中的株洲等 4 个城市、成渝城市群 19 个城市中的德阳等 11 个城市、哈长城市群 12 个城市中的吉林和齐齐哈尔、武汉城市圈中的 12 个城市中的宜昌等 11 个城市均呈降低趋势，即一半以上的城市供水总量呈降低趋势。

第二，四大城市群的人均日生活用水量存在较大差异。人均日生活用水量与收入水平、生活质量、自来水价格、节水技术、节水意识、用水精细化管理等因素密切相关，当然也受到气候的影响。整体上看，以 2012 年人均日生活用水量为评价基点，长株潭城市群平均值为 202 升／日，哈长城市群为 120 升／日、成渝城市群为 151 升／日，武汉城市圈为 199 升／日，其中哈长城市群人均日生活用水量最低，长株潭城市群最高，但都比 2005 年低，说明各城市群的用水粗放管理问题得到有效遏制。从 2005 年至 2012 年发展趋势上看，长株潭城市群中 6 个城市、成渝城市群中 18 个城市、哈长城市群中 8 个城市、武汉城市圈中 10 个城市的人均日生活用水量呈现下滑趋势，占全部 51 个城市的 82%，说明绝大多数城市的用水绩效有了提升。

第三，四大城市群公共供水能力有了普遍提升。城市公共供水能力与城市供水基础设施投资与建设力度相关。以 2005 年和 2012 年各城市群的公共供水总量占城市供水总量比重平均值来比较城市群公共供水能力发展状况。长株潭城市群 2005 和 2012 年比重值分别为 65% 和 87%，成渝城市群为 64% 和 89%，哈长城市群为 71.7% 和 72.2%，武汉城市圈为 64.5% 和 80.4%。从数据可以看出，成渝城市群的公共供水能力最强，哈长城市群相对较差，成渝城市群和长株潭城市群公共供水能力增长幅度最大。哈长城市群公共供水能力增长幅度较低，与东北老工业基地发展缓慢、基础设施投资不足、人口外流密切相关。

第四，在自来水价格方面，四个城市群各城市的居民家庭生活自来水价格都偏低。四个城市群 51 个城市，2012 年居民家庭生活用水价格最高的是哈长城市群的吉林市 2.98 元 / 立方米，长株潭城市群是娄底市 1.99 元 / 立方米，成渝城市群是重庆市 2.7 元 / 立方米，武汉城市圈是荆门市 1.65 元 / 立方米。四个城市群居民用水价格普遍不高，应该说提高包括居民生活用水价格可以在一定程度上降低人均日生活用水量，促进供水生产和管理部门提高用水管理绩效、增加供水技术投入。

第五，城市供水结构在一定程度上反映了城市群的第三产业和人口集聚状况。本书用生产经营用水、公共服务和家庭居民用水、漏损水量占总供水量的比重来考察城市群的城市供水结构。考察 2012 年生产经营用水、公共服务和家庭居民用水、漏损水量占供水总量的比重，长株潭城市群为 21.7：47.2：16.4，成渝城市群为 20.2：59.9：13.5，哈长城市群为 37.1：39.6：18.8，武汉城市圈为 25.3：51.0：14.4。这组数据反映出成渝城市群和武汉城市圈中的重庆、成都、武汉在各自城市群中处于中心地位，区域行政管理、教育、医疗等社会经济服务功能耗水量占有较大比重，也显示这两个城市群比另外两个城市群第三产业更发达、人口集聚优势更明显。哈长城市群的生产经营用水占比在四个城市群中最高，这与该城市群位于东北老工业基地有关，为生产经营企业供水，同时该城市群的漏损水量高于其他三个城市群，可能是由于冬季寒冷造成的供水管网爆裂而形成了较大的漏损水量，也有可能与该城市群供水管理粗放相关。

（二）分城市群用水特征

1. 长株潭城市群

长株潭城市群共有 8 个城市，位于湘江流域，区域降雨量丰沛，水资源丰富。长株潭城市群用水方面存在的总体特征为：人均可支配收入对节约用水效果不明显，即人均日生活用水量并不随收入增加而降低，各城市人均日生活用水量变动与其经济变量之间缺乏规律，长株潭城市群的供水量与人口总量的关系不大，反而与土地关系较大，供水总量上升与城市建成区面积扩张息息相关，工业用水量和漏损水量都较高。

2. 成渝城市群

成渝城市群共有 19 个城市，特大城市与中小城市并存。重庆和成都的供水总量、日人均用水量和供水管网长度方面，都远远领先于其他城市。成渝城市群用水方面存在的总体特征为：人均可支配收入与节约用水之间关系较弱，人均日生活用水量不随收入增加而降低，同时用水价格对居民用水的约束力也不足。

3. 哈长城市群

哈长城市群位于黑龙江和辽河流域，辽河流域污染严重，水量少，存在水量少和水质差造成的水资源短缺现象。哈长城市群用水方面存在的总体特征为：城市之间的人均日生活用水量变化小，用水较集约，且较不受收入变动的影响，常住人口扩张带动供水总量增长，说明人口数量与人均用水量存在一定的相关性，使得人口扩张会影响供水总量。另一方面，这一现象也可能与城镇化推进过程中人均日生活用水量应逐渐减少的规律性不足有关。再观察各新兴城市群的人均日生活用水量，哈长城市群平均而言已经最少，因此，常住人口扩张带动供水总量增长的主要原因不是人均日生活用水量太高，而是城镇化与用水之间的相关性不足。总结来说，哈长城市群应强化城镇化以及水价与用水量之间的规律关系，也就是说，在城镇化过程中，不应只是追求节约用水，而是追求适应于城镇化与水价水平的人均用水量（提高模型中解释变量的显著性），以最终实现符合城市发展的用水行为，并减少人口扩张直接对供水总量的需求。

4. 武汉城市圈

武汉城市圈包含了湖北省境内的 12 个大中小城市，位于长江流域，水资源比较丰富。武汉城市圈用水方面的总体特征为：武汉的供水总量、日综合生产能力、供水管网长度等方面远远领先于其他城市。尽管城镇化仍在推进，但已对人均日生活用水量产生约束作用；人均可支配收入对节约用水、降低人均日生活用水量的效果明显，居民生活用水价格政策修正后将能进一步约束人均日生活用水量，实现供水总量减量的目标。

三、构建城市群供水需求侧管理的政策措施

在目前经济快速增长、建设新型城镇化、农村人口向主要城市群转移的形势下，水资源供需矛盾的问题将持续突出，制定供水需求侧政策与措施，将是未来十年中国城市群实现可持续发展的重要任务。城市群供水需求侧管理的目标，是从根本上改变单纯注重依靠供给侧增加水源来满足需求的传统思维模式，通过提高制水效率，改善供水管网系统，降低漏损率，建立阶梯水价制度，监控用水人口变化趋势，对用水户采取有效的节水措施，提高循环水使用率和非传统水资源（再生水、雨水）的利用率等制度体系来抑制供水需求的无限增长，激励水用户参与到水资源保护、自觉减少水需求量。为实现该目标，本书提出中国城市群供水管理需求侧管理战略框架，对于有效管理流域内水资源、提高整个城市群的用水绩效、保护水资源、减少城市间因用水产生的矛盾，都有十分重要的意义。城市群供水管理需求侧管理战略框架主要包含以下几方面的内容。

（一）建立城市群供水总量零增长目标

随着工业化和城镇化发展，逐步出现了城市绵延发展带，在一个区域范围内，出现了若干城市组成的带环或片状城市群。城市之间是竞争与协作关系。现代城市群在空间上和职能上不是单中心而是多中心的，各城市/城镇之间通过高速公路、铁路、电信电缆等方式建立联系，并依据自身特点和要素优势实现功能分区和产业分工。因此城市群可以理解为：以中心城市的核心产业为主导，各级市镇在空间上形成的产业布局；这些市镇同时也扮演着分担中心城市承载力的功能分区作用。根据发达国家城市群人口规模和经济效率，可以预测中国城市单位土地产值还有进一步增长的空间，这也意味着城市群内城市人口规模还将进一步上升。

中国城市群正在形成和发育过程中。中心城市的带动作用逐步显现，通过溢出效应对周边中心城市形成辐射作用。目前来说，中心城市的带动作用和虹吸现象明显，经济规模远远大于其他中小城市，人口集聚过程还在进行中。

从城市供水特征分析中发现，上述研究的七个城市群都存在城市群的中心城市经济规模大、人口集聚特征明显、供水总量大的特征，而次中心城市出现了人口迁移、用水需求减少的趋势。在一个城市群内，由于存在产业关联关系，高速公路和高速铁路等交通工具将各个城市紧密地联系起来，各个城市之间信息流、物流、人流更加频繁。现阶段，中国特大城市的集聚作用依然呈现上升趋势。对 2005～2012 年七个城市群数据分析结果看，

几乎每个城市群都存在供水总量、公共供水总量、供水日均综合生产能力和供水管网长度两极分化的情况。即一些城市存在增长的态势，另外一些城市呈现降低的态势。从供水总量指标来看，城市群内的直辖市、省会城市、副省级城市等中心城市的供水总量远远大于其他中小城市，且呈增长趋势，而中小城市由于人口流出、经济实力不强，供水总量小，并部分出现降低趋势。可以看出，城市群内的中心城市的用水需求总量增长是不可避免的。在这种情况下，如何分析城市群中的特大城市或中心城市的用水需求、并实施有效管理是一件非常重要的事情。这关乎千万级人口的喝水问题和城市安全问题。

通过数据分析发现，城市群内的特大城市或中心城市，尽管用水需求总量大，但由于供水行业管理理念精细化程度高、技术设备先进、供水人才聚集、制水过程能源损耗少、各区县水厂集中度高、终端用水户节水设施先进，导致其人均日生活用水量反而小于中小城市。这意味着，在经济总量和人口数量增加的前提下，特大城市的用水需求总量并不是无限制地增长。因此，可以预见，通过改进供水过程和用户用水方式，完全可以实现用水总量的零增长甚至负增长。而这些先进的理念和管理措施，也可以通过中心城市的带动作用在整个城市群进行推广和实施，实现整个城市群用水绩效提高和用水需求（供水总量）零增长。

以长江三角洲城市群供水能力和人均日生活用水量评价结果为例，尽管上海市经济总量和人口集聚持续增长，但上海市的公共服务用水、居民家庭生活用水和人均日生活用水量下降，实现了用水需求的低速增长或负增长（表5-1）。其中人均日生活用水量的大幅度下降是导致用水总量下降的根本原因，即降低人均用水数量来达到满足全体用水户的需求总量。针对上海市用水需求预测的研究也认为，尽管上海市未来城市用水量还将持续上升，但在将城市用水分为城市公共用水（行政办公、商业、教育、文娱、医疗等行业用水）和居民家庭生活用水后，通过在宾馆、学校和医院安装节水设施和水表，就能实现节水上亿吨。[①] 因此，加强对终端用水户需求的管理是实现城市群未来十年用水需求动态平衡的根本途径。

上海市 2005 ～ 2012 年居民家庭生活用水总量等变量增长率　　　　　　　表 5-1

年份	公共服务用水总量		居民家庭生活用水总量		公共供水总量		人均日生活用水量	
	（单位：万吨）	增长率	（单位：万吨）	增长率	（单位：万吨）	增长率	（单位：升／日）	增长率
2005 年	68037	—	102047	—	286500	—	262.1	—
2006 年	55922	−18%	85250	−16%	291900	1.88%	213.1	−18.70%
2007 年	56042	0%	89833	5%	303400	3.94%	215.09	0.93%
2008 年	45293	−19%	93906	5%	309000	1.85%	201.95	−6.11%
2009 年	47813	6%	97327	4%	304700	−1.39%	206.96	2.48%
2010 年	48899	2%	97992	1%	309000	1.41%	174.83	−15.52%
2011 年	60297	23%	96993	−1%	311300	0.74%	183.57	5.00%
2012 年	62483	4%	99597	3%	309700	−0.51%	186.5	−18.70%

---

① 潘应骥. 上海市未来综合生活用水需求量预测及节水对策. 水资源保护, 2015（05）: 103-107.

　　陈庆秋等（2004）参照美国出现用水需求零增长时人均 GDP 的时间点，即在 8000 美元 / 人和 12000 美元 / 人的社会经济发展水平下实现用水零增长，来预测珠江三角洲用水零增长的时间点，即在 2008 年和 2012 年是两个拐点，如果进行水政策调整，珠江三角洲地区可望在 2018 年将实现用水零增长。[①] 表 5-2 是珠江三角洲城市群 9 个城市 2005 年、2008 年和 2012 年的居民家庭生活用水量和增长率情况。可以看出，一半城市出现居民家庭生活用水总量减少的情况，一半城市有增长的情况，2012 年相比较于 2005 年，惠州、中山增长幅度非常大，广州、江门、东莞负增长；2012 年相较于 2008 年，佛山、惠州、中山增幅比较大，深圳、东莞、江门负增长。

珠江三角洲城市群 2005 年、2008 年、2012 年居民家庭生活用水数量和增长率　　表 5-2

年份 城市	2005 年 （单位：万吨）	2008 年		2012 年		
		总量 （单位：万吨）	比 2005 年 增长率	总量 （单位：万吨）	比 2005 年 增长率	比 2008 年 增长率
广州	85745	78346	−8.63%	83469	−2.65%	6.54%
深圳	54626	58570	7.22%	53937	−1.26%	−7.91%
珠海	9975	8952	−10.26%	10058	0.83%	12.35%
佛山	16711	13908	−16.77%	18493	10.66%	32.97%
惠州	6039	6724	11.34%	9211	52.53%	36.99%
东莞	41550	50372	21.23%	38215	−8.03%	−24.13%
中山	4176	4693	12.38%	6145	47.15%	30.94%
江门	7376	6179	−16.23%	5983	−18.89%	−3.17%
肇庆	3092	3120	0.91%	3467	12.13%	11.12%

（二）大力推进各城市群利用非传统水源

　　非传统水源主要包括生活污水、雨水和海水。生活污水和雨水进入污水处理厂后经过处理，形成再生水的再利用是目前最常见的非传统水源利用方式，而海水淡化由于成本较高，在中国目前并没有成为主要的水源。本研究搜集了 2005 ～ 2012 年七个城市群的以雨污水为水源的非传统水源利用状况数据，对数据进行分析后，得出以下几个结论。

　　第一，七个城市群中，2005 ～ 2012 年期间污水处理总量前三位依次是长江三角洲、珠江三角洲、京津冀城市群；以雨污水归集后处理生产的再生水利用量最大的是京津冀城市群（图 5-1）。从再生水利用量占污水处理量的比率来看，再生水利用率位于前三位的依次是京津冀城市群、长江三角洲城市群和武汉城市圈。从城市群各个城市普遍性开展再生水利用的情况来看，京津冀城市群情况最好，10 个城市中除沧州外，其他 9 个城市都不同程度上使用了再生水，其中北京市的再生水使用量占全部城市群再生水使用量的 81%[②]。

---

① 　陈庆秋，薛建枫，周永章，戴力群，毛革，谢淑琴 . 珠江三角洲用水零增长预测 . 水利发展研究，2004（08）：16.
② 　张秀智，京津冀等七大城市群节约用水和再生水利用状况比较分析 [J]，《给水排水》，2017（07）.

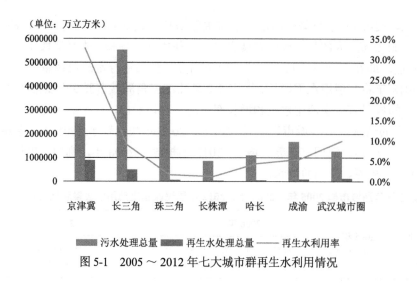

（单位：万立方米）

图例：污水处理总量　再生水处理总量　——再生水利用率

图 5-1　2005 ～ 2012 年七大城市群再生水利用情况

第二，从单一城市来看，再生水利用总量和利用率比较高的城市主要是北京、天津、石家庄、唐山、大庆、武汉和重庆等少数几个城市。其中再生水利用量最大的城市是北京（图5-2）。2006 到 2008 年期间是北京市再生水利用的一个腾飞时期，2008 年的再生水利用量是 2005 年的 2.3 倍，2008 年以后年均增长率由 2008 年的 66% 稳定在 5% 左右。2012 年北京市实际用水量为 258 101 万立方米，其中新水取用量为 182 758 万立方米，再生水利用量为 75 003 万立方米，再生水利用量占全部实际用水量的 29%。 2014 年，北京市实际用水量为 311 951 万立方米，其中新水取用量为 251 423 万立方米，再生水利用量为 68 260 万立方米，再生水利用量占全部实际用水量的 21.88%。由于人口增加和经济增长带来的用水量持续增加，而再生水生产量没有扩大，造成新水取用量大大增加。加大再生水生产厂和管线铺设的投资力度和建设力度，是扩大非传统水源利用并减少新水使用量的有效途径。

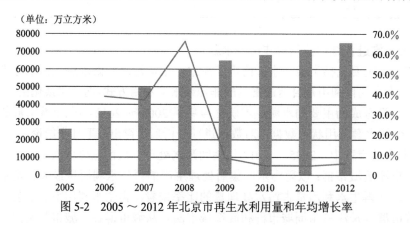

（单位：万立方米）

图 5-2　2005 ～ 2012 年北京市再生水利用量和年均增长率

第三，一些特大城市再生水利用状况不尽人意，例如，上海、广州、杭州、哈尔滨、深圳、珠海、长沙和成都等城市，多年来一直没有再生水的生产和利用，或只有极其少量的利用。特大城市由于用水量大，在这些城市建设再生水厂，并扩大再生水使用，可以有效减少新水使用量。例如，南京市在 2009 年以前有再生水的生产和使用，但 2010 年以后对再生水使用情况没有进行统计。

第四，总体上，从 2005～2012 年情况来看，各个城市群对非传统水源的利用情况并不理想。很多城市没有建设再生水厂，生产能力几乎为空白，特别是水资源比较丰沛的地区尤为突出。珠江三角洲、长株潭、武汉城市圈除武汉之外的城市、哈长城市群、成渝城市群非常不重视再生水利用。长江三角洲城市群再生水利用情况忽高忽低，但 2010 年后利用情况相对稳定（见图 5-3）。从 2012 年情况来看，京津冀城市群的沧州、长江三角洲城市群的上海等 8 个城市、珠江三角洲城市群的广州等 7 个城市、长株潭城市群的湘潭等 6 个城市、成渝城市群的绵阳等 16 个城市、哈长城市群的哈尔滨等 10 个城市、武汉城市圈的咸宁等 10 个城市都没有开展再生水利用。

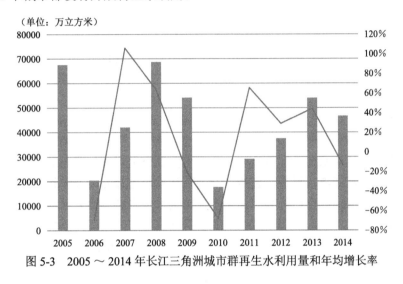

图 5-3　2005～2014 年长江三角洲城市群再生水利用量和年均增长率

（三）以供水安全为目标在城市群供水管理措施中引入需求侧管理（DSM）理念

在人口增长和经济发展的驱使下，一个地区水资源开发利用历程一般会随着水资源开发利用程度的演变而经历"开源"（即水资源供给管理）和"节流"（即水资源需求管理）两个发展阶段。[1] 传统上认为，经济发展与人口增长必然带来用水量的增长，即通过"开源"满足持续增长的水需求，导致现有用水管理模式与路径过分依赖开拓新水源，即建设调水工程、大型水库、开采地下水来满足用水户需求。但发达国家的发展经验表明，科技进步和水政策调整可以实现用水零增长。

美国于 1961 年由水资源供给管理转变为水资源需求管理的水政策调整。1959 年 4 月，美国国会成立了水资源专门委员会，该委员会在 1961 年发表了一份委员会专题报告，该报告在继承以前关于州与联邦协作治水以及流域水资源综合规划等方面的水政策建议的同时，提出了要积极提高水资源利用效率和开展水资源保护与节约工作。长期以来，水资源在美国一直被视为自由资源，而该报告提出要把水资源视为稀缺资源的新建议，彻底改变了美国传统的水资源观念，促使美国开始进行全面的水政策调整。正是从 1961 开始的水政策调整，使得美国的社会总取水量在 1980 年后表现出下降的趋势。[2] 英国和德国在 1970 年代后出现了用水零增长。用水量的增减伴随着人均用水量的增减，用水零增长的出现是人均

① 陈庆秋，薛建枫，周永章，戴力群，毛革，谢淑琴 . 珠江三角洲用水零增长预测 [J]. 水利发展研究，2004（08）：16.
② 陈庆秋，薛建枫，周永章，戴力群，毛革，谢淑琴 . 珠江三角洲用水零增长预测 [J]. 水利发展研究，2004（08）：16.

用水量的减少直接促成的，而人均用水量的减少依赖于科技进步带来的用水效率的提高。1970 年代，荷兰通过制定水法和水价限制了人均用水量的增长，人均生活水量仅为 120 升 / 日。[①] 这说明，在保护水资源和水资源承载力一定的前提下，可以通过各种措施减少终端用户水需求和使用量，从而实现经济发展、生活质量提高与降低用水需求总量的双重目标。而发达国家实现供水需求零增长的基础就是采用了需求侧管理这个先进理念。

需求侧管理（Demand Side Management，简称 DSM）是 20 世纪 70 年代由西方发达国家在电力领域首先开展的用电管理活动。DSM 通过采取有效的激励措施，引导电力用户改变用电方式，使其产生希望的负荷形态，提高终端用电效率。目的是既满足广大电力用户的用电需求，又保证电力系统安全、稳定、经济运行。[②] 需求侧管理的基本原理是，以电力用户为例，电力公司通过监测用户使用电力在高峰期、非高峰期、中高峰期和超高峰期的用电数量，并根据电力公司负荷大小，实时以不同的市场价格向用户出售电力。电力公司为电力用户安装自动化监测设备，实现了用户对电力需求的优化控制，提高了能源使用效率，节约了成本。[③]

城镇供水与供电有诸多共性，可以借鉴电力 DSM 的基本理论和方法。陶东海等（2006）提出了水资源需求侧管理的概念内涵，即为了抑制由于水资源需求增长所造成的用水矛盾加剧、生态系统破坏和水环境容量衰减，促进水资源公平合理配置与高效可持续利用，综合运用法律、行政、经济、科技、宣传等一系列手段而进行的涉及水行政管理者、用水户及水经营者三大群体的综合性行为。水资源需求侧管理强调供给方（即自来水公司）的主体作用，投资于节水项目，强调建立水资源供给方与需求方之间的伙伴关系，强调基于用户利益基础上的水资源服务。[④] 万峰和赵会茹（2009）也提出了城市供水需求侧管理定义，即在城市水资源承载力的约束下，挖掘现存水资源使用效率，通过政府管制政策激励与引导供水企业及需求侧用户，协同采用综合技术与管理方法，改变供水用水方式，优化配置传统水资源与非传统水资源，实现高效节约用水、改善与保护水环境、延伸供水产品服务，保障供水安全、稳定、经济运行和社会效益最大化。[⑤]

本研究在综合以往对供水需求侧定义的基础上，提出城市群供水需求侧管理概念的内涵，即：为抑制对水资源的无限制需求，在城市群流域水资源承载力的约束下，构建城市群生活用水需求与供给战略规划，建立政府管制政策和激励措施，通过资金投入和技术升级改造，提高城市群各城市供水企业集约度和制水生产效率，广泛使用节水设备，引导城市居民和企业终端水用户改变用水习惯和方式，提高用水绩效，优化配置传统水资源与非传统水资源，实现流域水资源环境改善和用户用水效益最大化。

借鉴发达国家先进经验，在中国城镇化和工业化发展水平相对较高的城市群首先建立供水需求侧管理理念，并配套实施一系列措施，实现人口数量和经济总量增长的同时用水需求零增长或低速增长的目标，具有十分重要的意义。

---

① 张海涛 . 水需求合理调节研究 [D]. 北京：中国水利水电科学研究院（硕士学位论文），2006.

② 陶东海，方国华 . 浅论水资源需求侧管理 [J]. 水利科技与经济，2006（09）：626-628.

③ 余心哲 . 电力需求管理系统在美国 RTI 钢铁公司的应用 [J]. 电力需求侧管理，2001（06）：47-49.

④ 陶东海，方国华 . 浅论水资源需求侧管理 [J]. 水利科技与经济，2006（09）：626-628.

⑤ 万峰，赵会茹 . 城市供水需求侧管理研究 [J]. 人民黄河，2009（03）：41-43.

（四）建立城市群用水协调机构和用水流量监测评估制度

水资源作为重要的自然资源和经济资源，在区域经济发展中具有重要的地位。21世纪水资源的竞争将更趋激烈，这一点已在许多国家形成共识。城市群发展离不开水资源。尽管同一个城市群内各城市之间的降水量、气候、水资源条件差异不大，但城市群内各城市之间的经济总量和人口规模的不同，导致其水需求的差异很大。从需求角度看，每个城市都希望从流域内分配到更多的水资源；进一步地，城市内部每个行业都希望有更高的用水定额指标。如果每个城市和每个用户都抱有这样的想法，水资源需求没有上限，水资源的供给是不能满足全部需求的。因此，城市群在制定区域发展规划时必须研究区域水资源承载力、开发利用和综合治理问题，评价城市群内各城市基于城市定位、经济发展、人口总量与用水需求之间的关系，明确每个城市的用水需求总量，并将此作为城市生活综合用水总量计划的基点。

为了完成此项工作，需要建立一个城市群城市生活用水协调委员会。该委员会的主要职责包括：（1）研究城市群内各城市生活用水特征，制定用水规划。根据流域水资源和供水承载力，在城市群和单个城市的供水规划中考虑用水需求侧管理因素，控制无限扩大水资源需求。（2）建立城市用水需求和供给流量监测制度，并实施监测与信息互通。在一定时期内，一个城市群内各城市之间的经济发展趋势和人口流动具有相对稳定性，也反映在用水需求总量的发展趋势上。城市群用水协调委员督促城市群内各城市建立用水需求和供给总量监测系统，统计并分析用水需求和供给流量数据，据此分析各城市供水需求流量的高峰期和非高峰期，为实施供水需求侧管理措施和城市间生活饮用水供给平衡方案提供有价值的数据。（3）协调城市间供水生产调度，提升整个区域供水行业的集中度。（4）为城市群内次中心城市提供提高供水行业技术水平的解决方案。（5）实施城市群各城市用水需求管理（DSM）效果评价。DSM评估需要建立项目指标评价体系。[①] 从供水公司、用户和参与者、社会利益（政府）评估，主要包括：需求侧各方成本效益（供水企业、参与用水户、社会）、用户承受能力与DSM反应、可避免水量（节水使供水系统的相对新增水量）、总节水量、非传统水资源使用量、可避免峰荷容量（节水和调控峰谷使供水系统避免的新增水处理单元、增压设备容量）、投资回报率、供水成本效益、供水负荷目标、节水减排指标等。通过监测整个城市群供水行业成本与收益、用水需求总量，从而达到实现水资源可持续利用和用水需求总量零增长的目标。

（五）设立城市群实现用水需求零增长的时间表

城市群用水需求侧管理的关键是抑制用水需求的无限增长，通过协商机制达成实现区域各城市用水需求零增长的时间表。通过对七个城市群用水状况的研究结果表明，一些经济发展薄弱、人口外流的中小城市的用水需求呈现下滑趋势，但人均日生活用水量依然较高。以长江三角洲城市群为例，常州和镇江2012年比2005年城市生活用水总量呈现下降趋势，但人均日生活用水量却明显提升（表5-3）。这表明这些城市用水需求降低，有可能是人口迁移和经济不活跃带来的，也表明这些城市在居民家庭生活用水需求管理方面，特别是节约用水措施方面还有很大的提升空间。上海市和杭州市作为区域中心城市，人口集聚能力强，但依然出现了居民家庭生活用水总量下降的情况，这主要是得益于人均日生活用水量大幅

---

① 主要借鉴于：万峰，赵会茹. 城市供水需求侧管理研究 [J]. 人民黄河，2009（03）：41-43.

度下降,用水总量的减少更多的是由提高管理技术和节约用水带来的(表5-4)。南京、宁波、南通和嘉兴市出现了生活用水总量增加,但人均日生活用水量下降的情况,用水总量的增加可能是人口增加和经济发展带来的。人均日生活用水量减少对用水增长的进一步大幅增加起到抑制作用(表5-5)。从上述分析可以看出,在一个城市群内,各个城市之间用水特征差异相当大。

长江三角洲城市群常州、镇江居民家庭生活用水量变化对比　　　　表 5-3

城市	生活用水量(单位:万吨/年)			人均日生活用水量(单位:升/日)		
	2005 年	2012 年	增长率	2005 年	2012 年	增长率
常州	11546	8729	−240%	182	227	24.9%
镇江	4752	3069	−35%	204	217	5.9%

长江三角洲城市群上海、杭州居民家庭生活用水量变化对比　　　　表 5-4

城市	生活用水量(单位:万吨/年)			人均日生活用水量(单位:升/日)		
	2005 年	2012 年	增长率	2005 年	2012 年	增长率
上海	102047	99597	−2.4%	262.1	186.5	−28.8%
杭州	22920	22861	−0.3%	383	251.5	−34.4%

长江三角洲城市群南京、宁波、南通等居民家庭生活用水量变化对比　　　　表 5-5

城市	生活用水量(单位:万吨/年)			人均日生活用水量(单位:升/日)		
	2005 年	2012 年	增长率	2005 年	2012 年	增长率
南京	27280	34333	25.9%	318	298	−6.3%
宁波	9588	14062	46.7%	340	300	−12%
南通	6756	9270	37.2%	227	175	−23%
嘉兴	2404	2613	8.7%	308	171	−44.6%

　　上海和杭州作为长江三角洲城市群的中心城市,他们在供水管理中的技术和理念具有超前性,可以作为整个城市群用水需求管理的标杆城市,具有一定的示范性,他们的管理措施、技术和人才培养模式都可以复制到整个城市群。

　　为了提高整个城市群的用水绩效,保护流域水资源,实现水资源利用的可持续,本研究建议由城市群议事协调机构在城市群区域发展规划和纲要中,以水资源利用效率分析为基础,确立各个城市用水需求零增长的目标和时间表,作为考核城市供水管理部门的绩效指标之一。通过中心城市向次中心城市输出技术、资金和人才,提高城市群供水行业集中度,最终实现各个城市的用水需求和人均生活用水总量的零增长。

（六）制定基于城市群用水需求侧管理（DSM）的水政策

政府是推动实施用水需求侧管理的主体。党的十八大五中全会提出中国经济发展要走绿色、生态、高效、节能的新路径。城市群作为城市发展的高级形态，中央政府在推进建设中国新型城镇化和城市群发展的系列政策中，应进一步强化城市群城市用水需求零增长的目标，并以用水需求零增长为目标构建城市群水需求侧管理措施，最终达到实现中国水资源可持续利用和保护生态环境的目标。本研究建议从以下七个方面构建基于城市群用水侧管理的水政策。

（1）尽快修订《城市节约用水条例》，并督促各个城市制定城市节约用水管理办法。节约用水是减少水资源开采和使用的核心，节约用水不能仅仅依靠用水户的道德和意识，更需要建立法律，让每个用水户都要遵照法律的规范，履行节约用水的义务和责任，同时，也让供水管理部门以法律为准绳，对用水户的用水行为实施有效监管，从而实现整个区域水资源的可持续利用。在立法中，应吸取国内外先进的节水理念和节水技术推广措施，提升节约用水规则的可执行性。

（2）以城市群为主体，精准预测各个城市用水需求，并以城市群内的标杆城市为基准制定更加严格的用水定额指标和节水定额。对节水突出的城市给予奖励。但是，城市群内部城市间和城市内部各单位之间是否可以建立水权交易制度，一个城市或一个单位节约出来的水可以出售给另外的城市或单位（突破用水定额，用水量超标的单位），还值得商榷。在有些城市的节约用水管理办法中（如上海市），严格限制一个用水单位向另一个用水单位转让用水计划指标。

（3）建立有利于降低用水需求的更灵活的水价政策，包括阶梯水价、高峰期和非高峰期优惠的峰谷分时水价（适用于城市公共用水部门）、季节性水价等水价制度。研究表明，水价对于限制用水需求十分有效。

（4）采用财政和税收制度，鼓励供水企业建立并实施需求侧管理体系。用水需求侧管理是一套完整的技术支持系统[①]，由供水企业为主体进行实施，以供水企业技术改造、自动化、信息化为前提。供水企业与用户建立供需伙伴关系，推进产品服务延伸，为终端用水户更换节水器来实现用水总量的零增长。结合海绵城市建设，进一步采取激励措施推动大学、医院、商场、机关使用节水器具，建设雨水收集系统，减少对自来水的依赖程度。因地缘关系，可以在一个城市群内推广使用节水效果好的器具。

（5）建立城市群供水行业集中度资金支持计划，由特大城市的供水企业向城市群内其他技术落后、人才缺乏的中小城市提供技术援助和资金支持，实现城市群内供水管理的一体化，提高城市群供水集约化程度，提升整个城市群供水绩效和用水绩效。

（6）建立城市群内各城市之间用水信息统计制度，分析城市群内各城市用水需求和峰荷容量需求，实现流域内平衡用水。

---

① 实现用水需求侧管理，需要对供水企业和水用户进行信息化更新改造，以监测用水信息。技术和设备升级改造需要大量的资金，一定的财政资金支持是必不可少的。DSM 技术支持系统包括：1. 实时供水综合调度系统：综合运用 3S 技术、供水仪表传感器技术及数据采集控制技术、计算机运动技术，采用实时供水调度数据采集与监控，实施 DSM 动态监控。2. 供水营销管理系统：用户用水过程监测；客户缴费分类分析；客户关系管理；分区分时用水历程；用水消费方式动态分析等。3. 需求侧管理技术支持系统：建立需求侧管理信息系统；负荷管理决策支持系统；用水现场服务系统；水表自动查抄集中控制系统；DSM 项目评估系统。4. 优化用水技术：实施 DSM 项目政府宏观分析评估系统；供水投资、管网容量占用投资、用户内部循环利用投资等比较分析体系；客户消费方案优化选择支持系统。万峰，赵会茹. 城市供水需求侧管理研究. 人民黄河，2009（03）：41-43.

（7）建立用户用水信息公示和奖励制度。澳大利亚为了鼓励家庭用水户减少用水，在水费收费单子上，每次都印上社区内节约用水最佳户的用水量。供水企业在为用户服务时，可以奖励社区内节约用水典范。政府设立一定数量的节约用水奖励基金，对节约用水突出的家庭进行奖励，从而建立起全社会节约用水的风气。

参考文献

[1] 刘士林，刘新静. 中国城市群发展指数报告 [M]. 北京：社会科学文献出版社，2013.

[2] 罗海藩. 长株潭城市群转型 [M]. 北京：社会科学文献出版社，2007.

[3] 左学金. 长江三角洲城市群发展研究 [M]. 上海：学林出版社，2006.

[4] 彭福清. 长株潭城市群公共管理研究 [M]. 长沙：湖南人民出版社，2009.

[5] 钟海燕. 成渝城市群研究 [M]. 北京：中国财政经济出版社，2007.

[6] 苗丽静. 城市产业集群论 [M]. 大连：东北财经大学出版社，2013.

[7] 张协奎. 城市群资源整合与协调发展研究——以广西北部湾城市群为例 [M]. 北京：中国社会科学出版社，2012.

[8] 胡铁成. 城市群的演变与城市融合研究 [D]. 北京：中国人民大学，2008.

[9] 庞晶. 城市群形成与发展机制研究 [M]. 北京：中国财政经济出版社，2009.

[10] 刘延恺. 北京水务知识词典 [M]. 北京：中国水利水电出版社，2009.

[11] 秦长海. 调水工程经济风险管理研究 [M]. 北京：中国水利水电出版社，2013.

[12] 杨开明，周书葵. 给水排水管网 [M]. 北京：化学工业出版社，2013.

[13] 邢秀凤. 城市水业市场化研究 [M]. 北京：中国水利水电出版社，2007.

[14] 干春晖. 管理经济学 [M]. 上海：上海财经大学出版社，2007.

[15] 陈晓光，徐晋涛，季永杰. 城市居民用水需求影响因素研究 [J]. 水利经济，2005，23（6）.

[16] 高铁梅. 计量经济分析方法与建模 [M]. 北京：清华大学出版社，2009.

[17] 苏言，潘卫民. 傲慢的地产 [M]. 南京：江苏人民出版社，2012.

[18] 陈莉，汪青松，赵凤著. 绿色建筑评估与安徽建筑业科技创新 [M]. 合肥：合肥工业大学出 [版社 .2008.

[19] 肖金成. 金经济区域合作论——天津滨海新区与京津冀产业联系及合作研究 [M]. 北京：经济科学出版社，2010.

[20] 万庆. 中国城市群城市化效率及其影响因素研究 [D]. 武汉：华中师范大学，2014.

[21] 刘国宜. 长株潭城市供水产业一体化及其监管模式研究 [D]. 长沙：中南大学，2005.

[22] 赵昊星. 东日本大地震后供水系统的破坏和恢复研究 [D]. 兰州：兰州交通大学，2013.

[23] 中国数字科技馆. 中国水资源分布现状 [EB/OL].http://amuseum.cdstm.cn/AMuseum/diqiuziyuan/wr0_4.html.

[24] 周新章. 缓解长株潭城市群核心区水资源矛盾的对策 [J]. 中国农村水利水电，2008，（4）.

[25] 程彦培，宋乐. 基于土地利用的水资源承载力评价方法研究 [J]. 南水北调与水利科技，2015，13（1）.

[26] 王殿茹，赵淑芹，李献士. 环渤海西岸城市群水资源对经济发展承载力动态评价研究 [J]. 中国软科学，2009（6）.

[27] 孙京姐，吕建树，于泉洲. 基于极大熵的山东半岛城市群水资源承载力评价 [J]. 水资源与水工程学报，2010，21（1）.

[28] 中国新闻网. 谢旭人：中国财政支持转变经济发展方式 [EB/OL].http：//finance.sina.com.cn/g/20071016/21324066826.shtml.

[29] 程书华. 基于民生的财政体制构建 [J]. 合作经济与科技，2010，（12）.

[30] 唐瑛. 长株潭城市群水资源状况及对策 [J]. 湖南水利水电，2008（3）.

[31] 凤凰网. 中国哪些城市纳入了城市群 [EB/OL]. http：//finance.ifeng.com/news/special/zgcsq/.

[32] 迟文涛，赵雪娜，王永刚，聂磊. 小城镇供水排水基础设施建设与管理的探讨 [J]. 城市管理与科技，2006（1）.

[33] 盛蓉，刘士林. 戈特曼城市群理论的荒野精神及其当代阐释 [J]. 江苏行政学院学报，2014（3）.

[34] 赵作枢. 从认识上定位供水基础设施属性 [J]. 陕西水利，2000，（1）：14-14.

[35] 刘士林. 从大都市到城市群：中国城市化的困惑 [J]. 江海学刊，2012，（5）：76-83.

[36] 陶洁，左其亭，齐登红，窦明. 中原城市群水资源承载力计算及分布 [J]. 水资源与水工程学报，2011，22（6）：56-61.

[37] 袁东霞. 中国大陆三大城市群城市发展环境效率研究 [J]. 特区经济，2012（9）.

[38] 荣四海，王玲，俞若雅. 中原城市群城市水务产业管理机制及投资对策研究 [J]. 河南工业大学学报，2009，5（3）.

[39] 黎忠，季冰. 珠江三角洲城市群饮用水水源地水质现状及安全保护对策 [J]. 珠江现代建设，2012（1）.

[40] 全惟幸. 东京、大阪城市群建设启示录 [J]. 上海经济，2002（34）.

[41] 周一星. 关于明确中国城镇概念和城镇人口统计口径的建议 [J]. 城市规划，1986（2）.

[42] 顾朝林. 城市群研究进展与展望 [J]. 地理研究，2011，30（5）.

[43] 郑烨，樊蓬，朱敏芝. 城市群基础设施建设的背景、现状与路径：基于长株潭城市群与关中城市群的比较分析 [J]. 商业时代，2012（5）.

[44] 张辽，杨成林. 城市群可持续发展水平演化及其影响因素研究——来自中国十大城市群的证据 [J]. 统计与信息论坛，2014，29（1）.

[45] 周沂，沈昊婧，贺灿飞. 城市群发展的 3D 框架——以武汉城市群为例 [J]. 长江流域资源与环境，2013，22（2）.

[46] 王丽，邓羽，牛文元. 城市群的界定与识别研究 [J]. 地理学报，2013，68（8）.

[47] 李香花. 城市群基础设施融资机制研究 [D]. 长沙：中南大学，2011.

[48] 段建新. 国外城市群的发展经验与启示 [J]. 经济师，2011（4）.

[49] 严家适. 实施小城镇战略对乡镇供水的影响 [J]. 中国水利，2001（1）.

[50] 高静. 城市群人口流动对区域经济发展的影响研究——以京津冀、长江三角洲、珠江三角洲为例 [D]. 北京：首都经济贸易大学，2014.

[51] 刘玉龙，马俊杰. 宝鸡市陈仓区城区供水工程建设项目对土地资源的影响 [J]. 水土保持通报，2004，24（5）.

[52] 林坚，马珣. 中国城市群土地利用效率测度 [J]. 城市问题，2014（5）.

[53] 梁志峰. 长株潭城市群"两型社会"建设中基础设施共建共享之湘潭对策研究 [J]. 湖南科技大学学报，2009，12（2）.

[54] 姜丹.广西北部湾经济区城市群基础设施整合研究 [D]. 南宁：广西大学，2012.

[55] 杨志杰.城市群基础设施政府提供的研究 [D]. 佛山：广东商学院，2012.

[56] 林雄斌，马学广，李贵才.珠江三角洲城市群土地集约利用评价及时空特征分析 [J]. 中国人口、资源与环境，2013，23（11）.

[57] 史进，黄志基，贺灿飞，王伟凯.中国城市群土地利用效益综合评价研究 [J]. 经济地理，2013，33（2）.

[58] 陈玉光.城市群形成的条件、特点和动力机制 [J]. 城市问题，2009，（162）.

[59] 吴福象，沈浩平.新型城镇化、基础设施空间溢出与地区产业结构升级——基于长江三角洲城市群 16 个核心城市的实证分析 [J]. 财经科学，2013（7）.

[60] 陈岗.辽中南城市群城市基础设施承载力评价研究 [D]. 大连：辽宁师范大学，2012.

[61] 王中亚，傅利平，陈卫东.中国土地集约利用评价与实证分析——以三大城市群为例 [J]. 经济问题探索，2010（11）.

[62] 李丹，张文秀，郑华伟.山东半岛城市群城市用地综合效益分析 [J]. 国土与自然资源研究，2010（2）.

[63] 毋晓蕾，韦东，陈常优.中原城市群城市土地集约利用评价 [J]. 国土资源导刊，2009（1）.

[64] 吴鹏旭.提高自来水供水管理效率的策略研究 [J]. 企业技术开发，2013，32（6）.

[65] 许煦.各地区城市供水效率比较分析 [J]. 中华建设，2006（8）.

[66] 方创琳，关庆良.中国城市群投入产出效率的综合测度与空间分异 [J]. 地理学报，2011，66（8）.

[67] 唐亭，袁鹏，凌旋，陈景开.生活用水量组合预测模型及其应用 [J]. 水电能源科学，2013，31（1）.

[68] 德娜，吐热汗，李轮溟，米拉吉吉丽.乌鲁木齐市生活用水量影响因素的岭回归分析 [J]. 新疆农业科学，2014，51（2）.

[69] 田韶英，李晓春，杨宝中，仇亚琴，王春燕，杜军凯.西安市城镇居民生活用水量需求影响因素分析 [J]. 中国农村水利水电，2014，（2）.

[70] 廖耀青，高敬.住宅用水量测试及流量叠加探讨 [J]. 给水排水，2013，39（2）.

[71] 童渊，程丽敏，吴浪.城市群区域公共基础设施网络的协调模式浅析 [J]. 科技广场，2012，（4）.

[72] 胡蜂，毛超.珠江三角洲城市群基础设施投资对经济增长的影响 [J]. 经济观察，2011，（8）.

[73] 麦志彦，何中杰，汪雄海.基于主影响因素的城市时用水量预测 [J]. 浙江大学学报，2012，46（11）.

[74] 成晋松，吕惠进，刘玲.太原市用水量影响因素的灰色关联分析 [J]. 水资源与水工程学报，2012，23（2）.

[75] 仇军，王景成.基于 PSO-LSSVM 的城市时用水量预测 [J]. 控制工程，2014，21（2）.

[76] 冯天梅，张鑫.基于修正组合模型的包头市用水量预测 [J]. 西北农林科技大学学报，2013，42（3）.

[77] 黄润龙.长江三角洲城市群的经济发展与人口迁移老龄化 [J]. 现代经济探讨，2011（12）.

[78] 毛新雅，王红霞.城市群区域人口城市化的空间路径——基于长江三角洲和京津冀 ROXY 指数方法的分析 [J]. 人口与经济，2014（4）.

[79] 毛新雅，彭希哲.伦敦都市区与城市群人口城市化的空间路径及其启示 [J]. 北京社会科学，2013（4）.

[80] 纪韶，朱志胜.中国城市群人口流动与区域经济发展平衡性研究 [J]. 经济理论与经济管理，2014（2）.

[81] 唐卫毅 . 建设城市群要过好三道坎 [N]. 青年日报，2013.06.22（6）.

[82] 王志良，田景环，邱林 . 城市供水绩效的数据包络分析 [J]. 水利学报，2005（12）.

[83] 邵传青 . 重要基础设施脆弱性评价模型：以天津市供水系统为例 [D]. 天津：南开大学，2009.

[84] 李家伟，刘秉镰 . 城市群交通基础设施一体化发展的制度途径研究 [J]. 物流技术，2008（4）.

[85] 叶裕民，陈丙欣 . 中国城市群的发育现状及动态特征 [J]. 城市问题，2014（4）.

[86] 刘玉亭，王勇，吴丽娟 . 城市群概念、形成机制及其未来研究方向评述 [J]. 人文地理，2013（1）.

[87] 文魁，祝尔娟 . 京津冀发展报告 2014[R]. 北京：社会科学文献出版社，2014.

[88] 周景博 . 中国城市居民生活用水影响因素分析 [J]. 统计与决策，2005（11）.

[89] 崔慧珊，邓逸群 . 居民用水量的影响因素研究评述 [J]. 水资源保护，2009，25（1）.

[90] 董凤丽，韩洪云 . 沈阳市城镇居民生活用水需求影响因素分析 [J]. 水利经济，2006，24（3）.

[91] 卢扬帆，郑方辉 . 区域一体化视域下城市综合基础设施发展水平评价——基于珠江三角洲 9 市的实证分析 [J]. 城市问题，2014（10）.

[92] 户作亮 . 浅谈京津冀都市圈区域水资源战略 [J]. 水资源管理，2007（9）.

[93] 胡旭 . 构建区域基础设施网络体系长江中游城市群推动一体化进程 [J]. 武汉勘察设计，2013（2）.

[94] 沈大军，杨小柳，王浩，王党献，马静 . 中国城镇居民家庭生活需水函数的推求及分析 [J]. 水利学报，1999（12）.

[95] 黄耀磷，农彦彦 . 中国城市居民生活用水需求因素的实证研究 [J]. 重庆工学院学报，2008，22（10）.

[96] 沈大军，陈雯，罗健萍 . 城镇居民生活用水的计量经济学分析与应用实例 [J]. 水力学报，2006，37（5）.

[97] 李海萍 . 空间统计分析中的 MAUP 及其影响 [J]. 统计与决策，2009，22（298）.

[98] 杨曦 . 住建部官员：住房空置率无官方定义媒体按亮灯数推断 [EB/OL]. 人民网 http：//finance.eastmoney.com/news/1355，20140611391982791.html.

[99] 张雅楠 . 任志强：10% 左右的空置率是正常的 [N]. 经济观察网，2010-09-21，http：//www.eeo.com.cn/industry/real_estate/2010/09/21/181388.shtml.

[100] 北京市水务局，北京市统计局 . 北京市第一次水务普查公报 [R]. 北京：中国水利水电出版社，2013.

[101] 李家伟，刘秉镰 . 城市群交通基础设施一体化发展的制度途径研究 [J]. 物流技术，2008（4）.

[102] 万锋，赵会茹 . 城市供水需求侧管理研究 [J]. 人民黄河 .2009（3）.

[103] 董延军，蒋云钟，王浩，韩亦方，鲁帆 . 南水北调中线需求侧供水负荷管理调度初探 [J]. 水利水电技术 .2007（3）.

[104] 李眺 . 中国城市供水需求侧管理与水价体系研究 [J]. 中国工业经济 .2007（2）.

[105] 赵正江，谭长富，刘迎，张义军 . 需求侧新型环网供水模式的研究及其应用 [J]. 湘潭师范学院学报（自然科学版）.2004（2）.

[106] 潘应骥 . 上海市未来综合生活用水需求量预测及节水对策 [J]. 水资源保护，2015（05）.

[107] 陶东海，方国华 . 浅论水资源需求侧管理 [J]. 水利科技与经济，2006（09）.

[108] 陈庆秋，薛建枫，周永章、戴力群、毛革、谢淑琴 . 珠江三角洲用水零增长预测 [J]. 水利发展研究，2004（08）.

[109] 张秀智 . 京津冀等七大城市群节约用水和再生水利用状况比较分析 [J]. 给水排水，2017（7）.

[110] 张海涛. 水需求合理调节研究 [D]，中国水利水电科学研究院硕士学位论文，2006.

[111] 陶东海，方国华. 浅论水资源需求侧管理 [J]. 水利科技与经济，2006（09）.

[112] 余心哲. 电力需求管理系统在美国 RTI 钢铁公司的应用. 电力需求侧管理，2001（06）.

[113] Baumann D. D., Boland，J. J., Hanemann，W，M. Urban water demand management and planning[M]. New York：McGraw-Hill，1998.

[114] Carl，Smith. City Water，City Life：Water and the infrastructure of ideas in urbanizing Philadelphia，Boston，and Chicago[M]. Chicago：university of Chicago press，2013.

[115] David Sauri. Lights and shadows of urban water demand management：The case of the metropolitan region of Barcelona[J]. European Planning Studies，2003，11（3）.

[116] Elena Domene，David Sauri. Urbanisation and water consumption：Influencing factors in the metropolitan region of Barcelana[J]. Urban studies，2006，43（9）.

[117] Elliot，Brennan. Taming Asia's Mega Cities[J]. diplomatic Courier，2013，（11）.

[118] Heywood. Introduction to Geographical Information System[M]. New York：Addison Wesley Longman，1998.

[119] Jean，Gottmann. Magalopolis or the urbanization of northeastern seaboard[J]. Economic Geography，1957，33（3）.

[120] Kaiman，2013. To slake thirst of north，China looks south. New York Times. 2011.

[121] Klaassen，L，H，W，T，Mglle，and，J，H，Paelinck. Dynamics of Urban Development[M]. Hampshire：Gower Publishing Company Limited，1979.

[122] Linaweaver，F，Pierce. A study of residential water use[M]. Washington：Baltimore，Dept. of Environmental Engineering Science，Johns Hopkins University，1967.

[123] McKinscy，Global，Institute. Preparing for China's urban billion[R]. Shanghai：McKinsey&Company，2009.

[124] Ouyang，Y，Wentz，E，A，Ruddell，B，L，Harlan，S，L. A multi-scale analysis of single-family residential water use in the Phoenix metropolitan area[J].Journal of the American water resources association，2014，60（2）.

[125] The World Bank. GDP per capita[EB/OL]. http：//data.worldbank.org/indicator/NY.GDP.PCAP.CD/countries/CN?display=graph.

后　记

本书是"水体污染控制与治理""十二五"国家科技重大专项《城镇供水安全保障管理支撑体系研究》的子课题《城镇供水安全管理重要政府保障政策研究》（2011ZX07401-004）的研究成果之一。

城镇供水具有不可替代性，作为最终消费品，与城市生产活动和居民生活息息相关，同时作为一种资源类生产要素，其投入构成了使用水产品和服务的各类产品的总成本中不可或缺的组成部分。因此，城镇供水是城市社会经济稳定发展和正常运行的基础。研究城镇供水问题，特别是在中国城镇化进程加速的背景下，具有特别重要的意义。伴随着中国城镇化发展进程，城市群已经成为一种城市形态，城市群内部经济网络化，人员往来频繁。城镇用水不再是一个孤立的事件，由一个城市发展为一个城市群的用水问题。由此，本书研究的中国城市群未来十年用水需求预测问题，应该说是一个具有探索意义的前沿性问题。

本书，事实上是一篇命题作文。2011年，课题设立之初，课题组各成员单位并没有提出将城市群用水问题作为城镇供水安全管理政府保障政策的研究对象，撰写课题申报书时，主要从行业监管、体制机制、政策、金融投资等角度对保障城镇供水安全的政策进行分析。但课题任务书下发时，除了上述研究内容外，还增加了一个研究内容，就是"城市群未来十年用水需求预测研究"。今天这本书能够出版，首先应该感谢提出这个前沿选题的人。

本书研究涉及大量数据。中国人民大学公共管理学院土地管理系硕士生和本科生共24人参加了课题研究工作，分成了京津冀、长江三角洲、珠江三角洲、长株潭、成渝、哈长和武汉城市圈七个城市群课题小组。同学们勤奋工作，搜集了有关城市群人口、经济和供水方面的数据。但由于数据来自不同的统计年鉴，统计数据口径差异大，导致不同年份的同一个指标的数据或矛盾或错误，用数据预测的城镇群用水需求偏差较大，只好放弃了同学们搜集的数据。作者以《中国城市建设统计年鉴》为基础，重新搜集了全部数据，并做了相关分析。

本书研究内容具有一定探索性，在此特别希望得到领域内各位专家学者的批评指正。

张秀智
2019年9月24日于中国人民大学求是楼